身边科技大透视

飞机

张顺燕　主编

吉林科学技术出版社

图书在版编目（CIP）数据

飞机 / 张顺燕主编 ； 纸上魔方绘. -- 长春 ： 吉
林科学技术出版社，2017.8
（身边科技大透视）
ISBN 978-7-5578-2638-3

Ⅰ. ①飞… Ⅱ. ①张… ②纸… Ⅲ. ①飞机－儿童
读物 Ⅳ. ①V271-49

中国版本图书馆CIP数据核字（2017）第119391号

SHENBIAN KEJI DA TOUSHI   F E I J I

身边科技大透视　飞机

主　　编	张顺燕
绘	纸上魔方
出 版 人	李　梁
责任编辑	周　禹　于潇涵
特约编辑	齐婷婷
封面设计	纸上魔方
制　　版	长春美印图文设计有限公司
开　　本	787 mm×1092 mm　1/16
字　　数	100千字
印　　张	5
印　　数	1-10 000册
版　　次	2017年8月第1版
印　　次	2017年8月第1次印刷

出　　版　吉林科学技术出版社
发　　行　吉林科学技术出版社
地　　址　长春市人民大街4646号
邮　　编　130021
发行部传真 / 电话　0431-85635176　85651759　85635177
　　　　　　　　　　　　　　85651628　85652585
储运部电话　0431-86059116
编辑部电话　0431-85635186
网　　址　www.jlsycbs.net
印　　刷　长春新华印刷集团有限公司

书　　号　ISBN 978-7-5578-2638-3
定　　价　29.90元

作者荐语

　　工业科技的发展，大大改变了世界经济文化的格局。一个现代科技发达的国家，其中一定蕴含了更为深厚的科技文明。而这些正是常常乐于动手、动脑的孩子经常容易感到困惑的领域，比如汽车为什么会自动行驶？飞机为何能夜间飞行？保温饭桶里的食物为何不容易变凉？大吊车为何能举起千斤水泥板？等等。本系列少儿科普绘本关注工业科技领域的启蒙教育，从工业科技的方方面面入手，剖析了上千个品种的各类工业产品，从历史的沿革到当代科技的不断更替，与孩子们一起探索科学的奥秘，分享学习的无限快乐，是一套值得孩子们阅读的优秀科普读物。

张顺燕

北京大学教授/百家讲坛讲师

2016年8月10日

目录

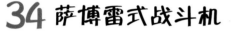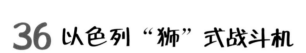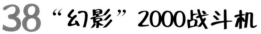

目录

 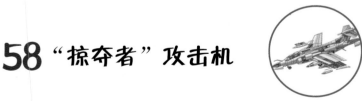

 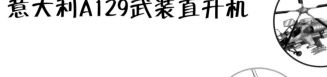

飞机的发展史

早在远古时代，人类就梦想着像鸟儿一样在天空飞翔，而且这个梦想从未中断过。随着科技的发展，蒸汽机、电动机、内燃机等动力装置相继问世，莱特兄弟于1903年驾驶一架自制飞机成功飞上天空，开创了人类依靠动力飞行的先河。自此以后，飞机进入了迅速发展时期，各种用途的飞机纷纷出现，如侦察机、战斗机、轰炸机、舰载机、客机等。发展至今，飞机的性能、外观和速度都有了质的飞跃。

人类早期的飞行与梦想

古人认为鸟类可以飞翔主要是因为有羽毛和翅膀，于是在尝试飞行的初期，古人把羽毛粘在手臂上，学着鸟类扑扇双臂，随后还发明了扑翼机。许多早期追求飞行梦想的先驱，都尝试过利用扑翼机进行飞行，但由于结构上的缺陷，都以失败告终。后来在风筝升空的原理启迪下，滑翔机出现了，实现了人类真正意义上的飞行。

公元前3500年 ————— **最早尝试飞行**

古希腊神话中就有关于人类尝试飞行的故事。大约公元前3500年，艺术家代达罗斯跟他的儿子伊卡洛斯就开始尝试飞行。他们用蜡将羽毛粘在自己的胳膊上，但是因为距离太阳太近，伊卡洛斯胳膊上的蜡被晒化，中途跌落到地面，不过他的父亲却成功着陆了。

1060年 ————— **效仿鸟类的翅膀**

1060年，英国修士艾尔默效仿鸟类的飞行，把翅膀固定在他的四肢上尝试飞行，结果，坠落在地面上，摔伤了大腿。由此可以看出，光靠扇动翅膀并不能成功飞行。

1853年

滑翔机的雏形

1853年，英国工程师乔治·凯利制造出了一架滑翔机，但是，没有实现真正的飞行，并且他家的马车夫在试飞时给吓坏了。

1891年

悬挂式滑翔机

德国人奥托·利连撒尔吸取凯利的经验，把帆布悬挂在柳木上，制成了悬挂式滑翔机。不过，这种滑翔机很脆弱，在他试飞1000余次的时候，遭遇了一次狂风，飞机坠毁，奥托·利连撒尔本人也不幸遇难。

真正的飞机诞生啦

1903年

第一架滑翔机

1900—1902年，美国莱特兄弟经过1000多次滑翔试飞，于1903年成功制造出了第一架依靠自身滑动而产生动力进行载人飞行的滑翔机。从此，飞机的发展进入了一个新的阶段。

1907年

复翼飞机

1907年，法国的加布里埃尔·瓦赞研制出了一种装有两套翅膀的复翼飞机。这种飞机的推进器安装在飞机的尾部，飞行高度可达1000米以上。

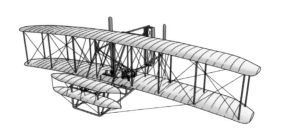

1911年

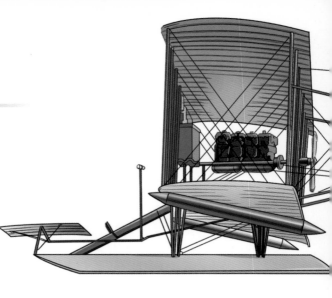

水上飞机

1911年，法国人格伦·柯蒂斯在复翼飞机上装上浮子，成功研制出了第一架真正意义上的水上飞机。这种飞机在水上起降，根本无需飞机跑道。

1913年

F40型复翼飞机

1914—1918年，第一次世界大战期间，此飞机作为侦察机和轰炸机展示出了极强的军事价值，主要用于搜集敌军情报或对攻击目标投掷炸弹。

1918年

军用螺旋桨飞机

1918年，最先制造军用飞机的佛克尔公司研制出了安装着机关枪的螺旋桨飞机D.Ⅶ，这种飞机的发动机为活塞式的，通过空气螺旋桨将发动机的功率转化为推进力实现了飞行。D.Ⅶ是第一次世界大战中最强大的飞机。

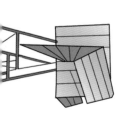

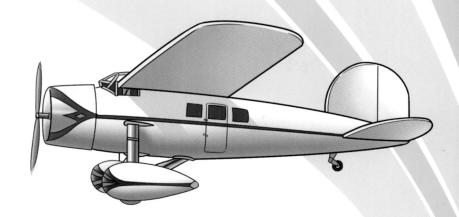

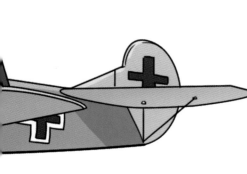

1927年

洛克希德"维加"单翼机

1927年，美国的洛克希德"维加"单翼机成为了固定航班用机，速度可达177千米/时，载客量仅为6名，不过，它的机翼采用悬臂式，机身为流线型，外观极具现代感。

1930年

容克52三引擎飞机

在两次世界大战的间歇期，大型机成为飞机制造的发展方向，1930年德国容克公司制造的先进的三引擎飞机容克52就是这个时期的典型代表。同年，英国人惠特尔发明了第一台涡轮喷气发动机，通过喷管高速喷出的燃气即可产生反作用推力，这种发动机的出现为喷气式飞机的发展奠定了基础。

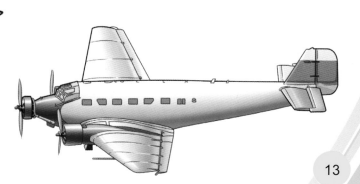

1933年

波音247型飞机

1933年，波音247成功试飞，标志着现代飞机的诞生。它不再使用帆布或木质结构，而是采用全金属的框架和外壳，大大增强了飞机的坚固性，这在当时是非常先进的技术。

1935年

道格拉斯DC-3

1935年，可以搭载30名乘客的道格拉斯DC-3研制成功，它采用的倾斜机翼大大减少了阻力，降低了飞机的制造成本，运营更为经济，从而成为了第一架通过机票费用进行赢利的新生代飞机。

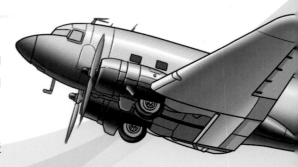

1939年

英国喷火式飞机

1939年，第二次世界大战的爆发推动了飞机的发展。英国研制成功的喷火式水上飞机成为同盟军非常著名的飞机之一。这种飞机所使用的喷火式发动机是大功率活塞式发动机，可以让飞机爬升到海拔12 000米的高空。

喷气式飞机出现啦

He-178喷气式飞机

1939年，德国设计师奥安充分应用英国人惠特尔于1930年发明的涡轮喷气发动机，于8月27日制成了世界上第一架喷气式飞机——He-178喷气式飞机，通过喷管高速喷出的燃气即可产生反作用推力推动飞机飞行。从此，飞机的发展进入了喷气式时代。

1943年

喷气式战斗机

在第二次世界大战的后期，1943年，德国成功研制出了世界上第一架喷气式战斗机——梅塞施密特战斗机Me-262，战果非常出色。

1947年

超音速飞机

一直以来，飞机的速度没办法突破声速，直到1947年，贝尔X-1型火箭推进式飞机研制成功，该机型动力充足，飞行速度可达到超音速。

1954年

大力神C-130运输机

飞机采用喷气式发动机后，运载能力大大增强。1954年研制成功的洛克希德C-130军用运输机的最大载重量可达15吨，可以运载装甲车辆、火炮和卡车等大型货物，而且在1200米长的粗糙跑道上就可以顺利起飞。

1964年

洛克希德SR-71"黑鸟"军用侦察机

1964年，军用侦察机洛克希德SR-71的速度达到3530千米/时，一眨眼的工夫就可以飞得无影无踪。

1969年

鹞式战斗机

1954年，诞生了一种安装了可以将喷气式发动机推动力向下导出的喷管，从而实现了无需任何跑道而垂直起降的战斗机——鹞式战斗机，这种技术在当时实属世界领先。

1969年

波音747

随着科技的进步，飞机的营运成本不再那么高昂，越来越多的人选择乘飞机出行，促进了飞机往体积更大的方向发展。1969年，波音747扩大了客舱，能搭载400名乘客，载客量实现了一次大的飞跃。

1983年

F-117A "夜鹰" 隐形战斗机

　　1983年，隐形战斗机F-117A研制成功，该飞机既不会显现在雷达的屏幕上，也不易被捕捉和发现，实现了军事飞机的"隐形"功能，是当年终极的军事飞机。

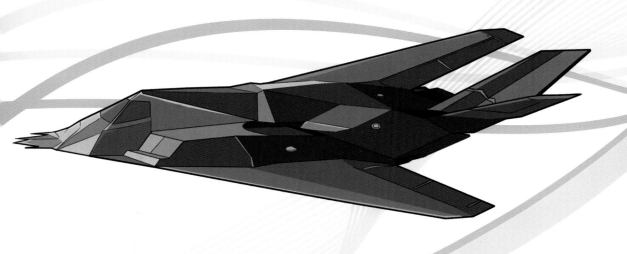

21世纪，无人机时代到来啦

21世纪

全球鹰

　　21世纪，飞机制造技术更为先进，最大的突破是研制出了无人驾驶的飞机，如美国诺斯罗普·格鲁曼公司生产的全球鹰，在无人驾驶的情况下，可以从美国跨越太平洋飞到澳大利亚，创下了飞机发展史上的伟大壮举。

汉德利佩奇客机

汉德利佩奇客机42系列是世界上最早的用于载客的大型飞机。第一架原型机于 1930 年 11 月 14 日首飞成功，被命名为"汉尼拔"。这种飞机最高的时速约为120千米/时，给当时的乘客们留下了非常难忘的人生体验。

 独特的机翼位置

汉德利佩奇客机的下机翼比上机翼短，位置高于客舱的窗口。这样设计是为了不影响乘客俯视地面的风景。

 分隔式客舱

汉德利佩奇客机的客舱被划分为前后两个部分，分别位于机翼前后，前部客舱可以乘坐 6 人（后来变成 12 人），后部可以乘坐 12 人。

驾驶舱

挡风玻璃

机头整流罩

推拉舷窗

风力发动机

螺旋桨毂

左下发动机螺旋桨

星型发动机

左下发动机

主轴梁

飞机重量轻

汉德利佩奇客机机身的2/3采用了密度较小的波纹铝板制造，机身后段及机翼表面则由织物蒙皮覆盖，使得整个机身重量大大减轻。

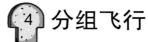 ## 分组飞行

汉德利佩奇客机42系列共生产8架，被分成两组各4架。一组飞东方航线，另一组飞欧洲航线。

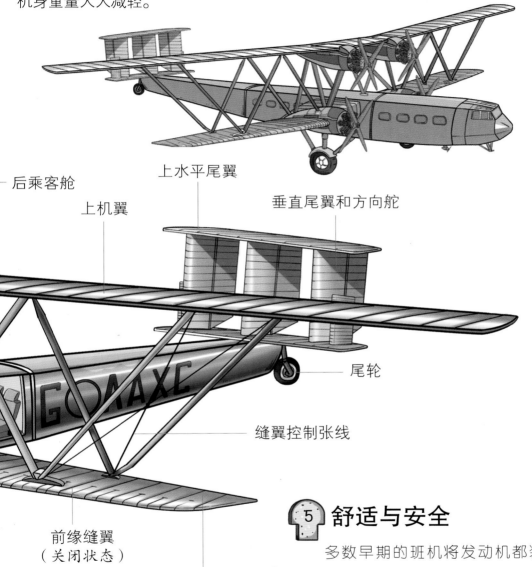

后乘客舱

上水平尾翼

上机翼

垂直尾翼和方向舵

尾轮

缝翼控制张线

前缘缝翼（关闭状态）

机翼帆布蒙皮

舒适与安全

多数早期的班机将发动机都装在机头，具有较大的噪声并产生很大的振动，汉德利佩奇客机则不同，它的发动机装在左右机翼或上下翼之间，远离机身，所以坐在座舱内是非常舒适安静的。该机于1939年9月1日正式退役，在近10年的商用飞行过程中，没有发生过一起致命的飞行事故。

1 机翼结构

波音314客机的飞行机翼是双层的，上机翼长而平展，而下机翼则短小肥胖，在水面时起浮筒的作用。尾翼曾采用过双垂直尾翼，但最终还是改为了单垂直尾翼。

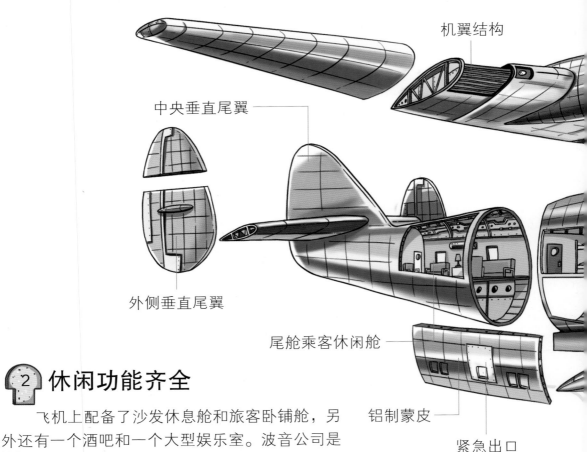

发动机检修舱盖

机翼结构

中央垂直尾翼

外侧垂直尾翼

尾舱乘客休闲舱

铝制蒙皮

紧急出口

浮筒结构

2 休闲功能齐全

飞机上配备了沙发休息舱和旅客卧铺舱，另外还有一个酒吧和一个大型娱乐室。波音公司是最早推出客舱服务的航空公司，当美丽的空姐们穿梭在铺着亚麻桌布的餐桌之间，为乘客们送来一道道美味佳肴，那情景是多么惬意啊。

波音314客机

波音314飞机是一种在水上起降的载客飞机，由波音公司于1938年研发生产。它是当时最大、最豪华的民航飞机之一，被命名为飞剪号。乘坐该飞机飞越大西洋的机票价格相当昂贵，堪称"富人的旅行"。在二战期间，飞剪号被运用在战场上，用来运送人员和物资，飞行于世界各地。

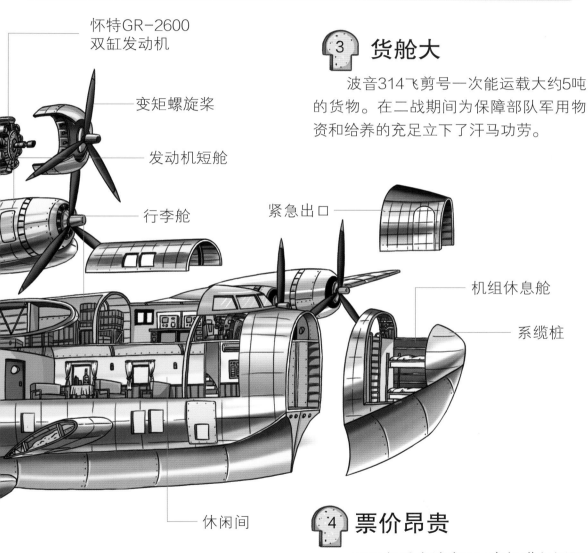

怀特GR-2600
双缸发动机

变矩螺旋桨

发动机短舱

行李舱

紧急出口

机组休息舱

系缆桩

休闲间

舱内展开后的卧铺

3 货舱大

波音314飞剪号一次能运载大约5吨的货物。在二战期间为保障部队军用物资和给养的充足立下了汗马功劳。

4 票价昂贵

1939年乘坐波音314客机进行洲际旅行是非常奢侈的一件事，因为当时的往返机票价格大约为400美元，那时的400美元是相当昂贵的一笔钱，所以人们戏称这是"富人的旅行"。

波音747客机

波音747是世界上第一款宽体民用飞机。它体形巨大，载客量惊人，一次可运送350名乘客。自1970年正式运营到欧洲空客A380飞机出现前，波音747一直是世界上载客量最大的飞机，这个纪录保持了长达37年。这种客机还推出了很多款改进型，如波音747SP、波音747F型等。

 1 独特的外形

波音747客机是双层客舱，上层客舱的长度只占机身的1/3，并向上凸起，外形看上去就像飞机头部肿起了一个大包。

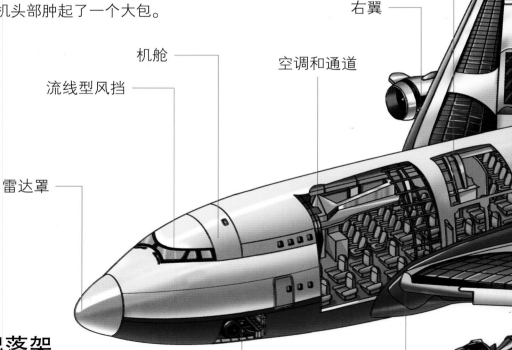

上甲板乘客舱

右翼

机舱

空调和通道

流线型风挡

雷达罩

 **2 起落架**

波音747起落架结构由4组4轮小车式主起落架和一组位于机头部的双轮前起落架组成。

左翼减速板

发动机进气口

前起落架

3 双通道

　　波音747客机是宽体飞机，飞机截面直径超过了6米。设计者认为这个宽度足以容纳一行9~10个经济舱座位和两个通道，这对于整个航空界而言是全新的理念，于是世界上首架双通道飞机诞生了。

 ## 4 载客量

　　波音747系列飞机中载客量最大的是747-400D型飞机，它是特别为日本国内航线设计的高容量客运型飞机，客舱可载客568名。

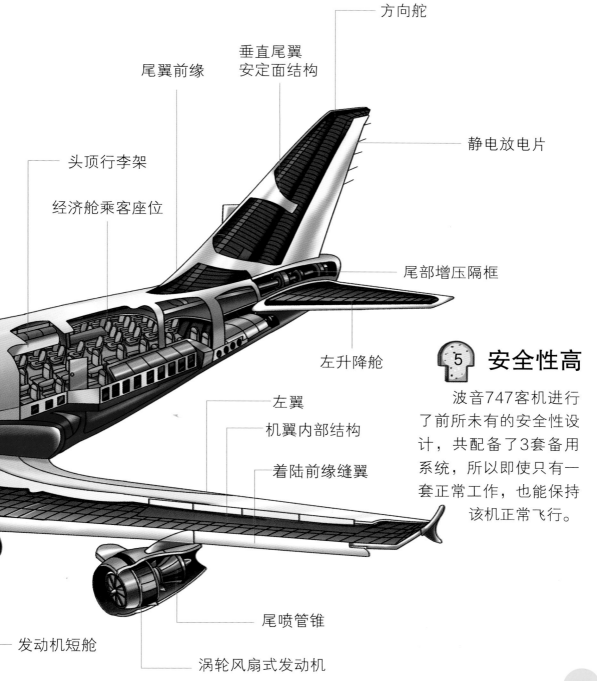

方向舵

垂直尾翼
安定面结构

尾翼前缘

头顶行李架

静电放电片

经济舱乘客座位

尾部增压隔框

5 安全性高

　　波音747客机进行了前所未有的安全性设计，共配备了3套备用系统，所以即使只有一套正常工作，也能保持该机正常飞行。

左升降舵

左翼

机翼内部结构

着陆前缘缝翼

发动机短舱

尾喷管锥

涡轮风扇式发动机

协和号客机

协和号飞机是由法国和英国联合研制的中远程超音速客机，1969年首飞，1976年投入服务，它是世界上极少数将超音速技术用于民用客机的飞机之一。协和式飞机一共只生产了20架，主要执行从伦敦希思罗机场和巴黎戴高乐国际机场之间的往返定期航线。其通体为白色，整体看上去就像只美丽的白天鹅，被誉为世界上最漂亮的飞机。虽然协和号飞机比普通民航客机快很多，但其维护成本大，耗油量大，所以机票价格远远高于普通民航客机，加上飞机起飞和降落时候的巨大噪声，以及乘坐的舒适度和安全性并不理想，2003年底，协和式飞机全部退役了。

1 外形特点

协和号飞机的机身细长，机头尖尖的，飞行时犹如一根钢针，高速刺向空气之中。起降时，机头可以往下调5~12度，以扩大飞行员的视野。

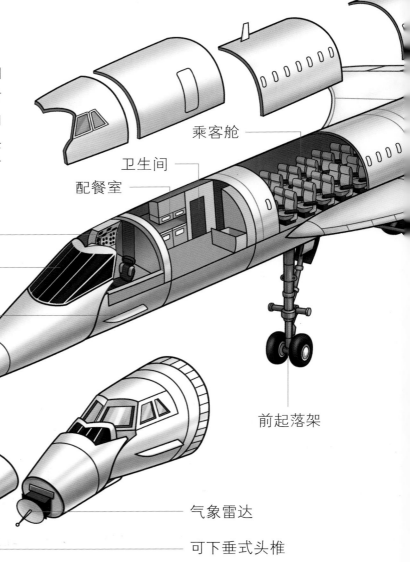

乘客舱
卫生间
配餐室
驾驶舱内部
风挡玻璃
扰流板
前起落架
气象雷达
可下垂式头椎

2 机舱

协和号飞机机身细长，机舱内部相对较狭小，乘坐的舒适度不高。

 ## 3 动力系统

为了适应超音速飞行，协和式飞机的机翼采用三角翼，机翼前缘为S形。飞机共有4台涡轮喷气发动机，飞行速度能超过音速的两倍，巡航速度为2150千米/时。

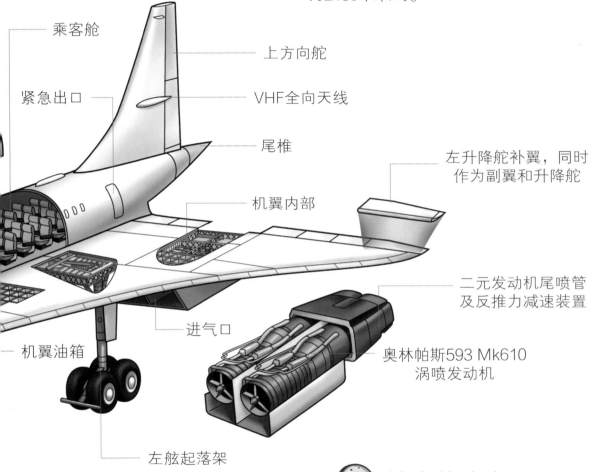

乘客舱

上方向舵

紧急出口

VHF全向天线

尾椎

左升降舵补翼，同时作为副翼和升降舵

机翼内部

二元发动机尾喷管及反推力减速装置

机翼油箱

进气口

奥林帕斯593 Mk610涡喷发动机

左舷起落架

 ## 4 消音器和反推力装置

协和号飞机超音速飞行时，会产生如同炸弹爆炸一样的音爆声。为了减少音爆噪声，发动机上安装了消音器。此外，为了减少飞机着陆时滑行的距离，还配备了反推力装置。

 ## 5 惊人的速度

该机能够在15 000米的高空以2.02倍音速巡航，从伦敦飞抵纽约仅需3个多小时，甚至曾创造过2小时52分59秒的最快纪录。而伦敦、纽约时差4个小时，所以乘客能够享受到"还未出发就已到达"的绝妙体验，对于分秒必争的商务人士，该机绝对是他们出行的首选。

25

梅塞施密特战斗机

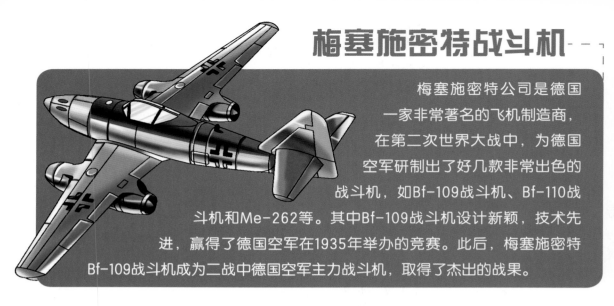

梅塞施密特公司是德国一家非常著名的飞机制造商，在第二次世界大战中，为德国空军研制出了好几款非常出色的战斗机，如Bf-109战斗机、Bf-110战斗机和Me-262等。其中Bf-109战斗机设计新颖，技术先进，赢得了德国空军在1935年举办的竞赛。此后，梅塞施密特Bf-109战斗机成为二战中德国空军主力战斗机，取得了杰出的战果。

装甲头靠

座舱盖

装甲防弹风挡

油箱盖

900升装甲油箱

航炮口

起落架支柱

起落轮

MK-108型30毫米航炮

弹药箱

抛壳窗

氧气瓶

1 明星战斗机

Bf-109战斗机是二战中生产数量最大的战斗机，也是生产型号最多的战斗机，还是用途最广的战斗机，不管是截击、支援、夜间战斗，或是侦察、护航、地面攻击，Bf-109战斗机都能出色地完成任务，所以该机是战斗机中的明星战斗机。

2 无支撑下单翼

Bf-109战斗机采用全新的设计——无支撑下单翼，即机翼位于机身下方，没有支撑的配件，且仅有一对机翼。这种设计具有停放简单、起降性能好的特点。

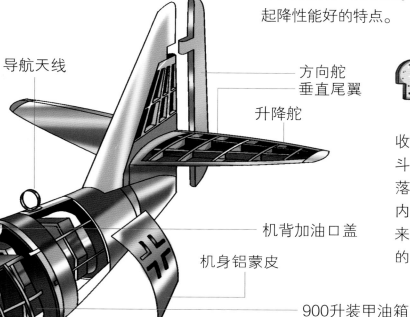

导航天线

方向舵
垂直尾翼

升降舵

机背加油口盖

机身铝蒙皮

900升装甲油箱

机翼内部构造

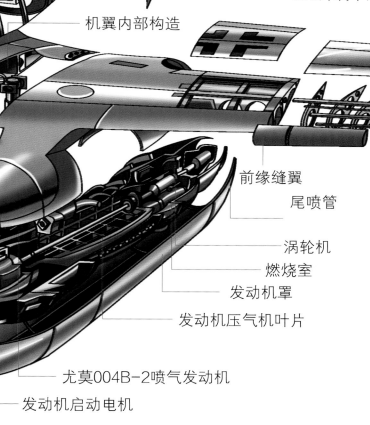

副翼

前缘缝翼

尾喷管

航行灯

涡轮机

燃烧室

发动机罩

发动机压气机叶片

尤莫004B-2喷气发动机

发动机启动电机

3 可收放起落架

Bf-109战斗机采用可收放起落架，这是当时战斗机最先进的设计。这种起落架可以在起飞时收在机体内，在下降时从机体中放下来，大大降低了飞机飞行时的阻力。

4 全金属蒙皮

蒙皮是指给飞机加上一层铝合金，使得飞机具有良好的空气动力特性。Bf-109战斗机采用全金属蒙皮，不仅维持了飞机的外形，还提高了飞机的抗蚀能力。这也是当时非常前卫的设计。

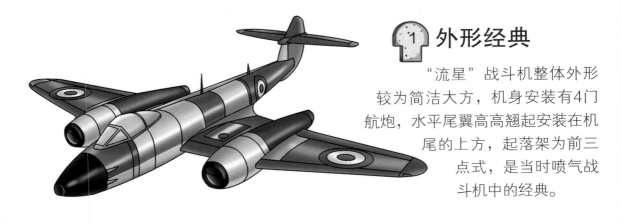

1 外形经典

　　"流星"战斗机整体外形较为简洁大方，机身安装有4门航炮，水平尾翼高高翘起安装在机尾的上方，起落架为前三点式，是当时喷气战斗机中的经典。

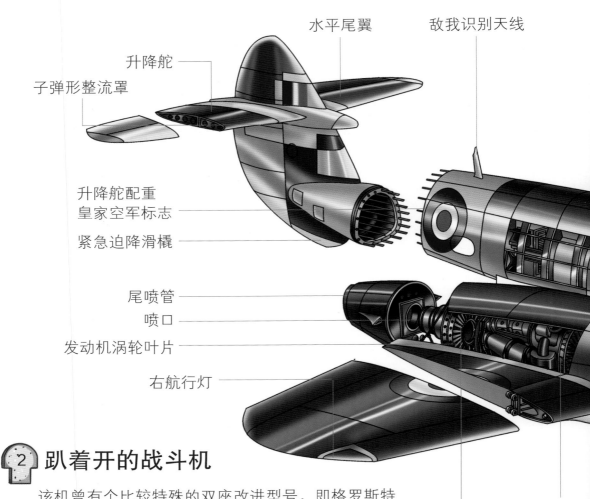

水平尾翼

敌我识别天线

升降舵

子弹形整流罩

升降舵配重
皇家空军标志

紧急迫降滑橇

尾喷管

喷口

发动机涡轮叶片

右航行灯

压气机
涡轮叶片

发动机燃烧室

2 趴着开的战斗机

　　该机曾有个比较特殊的双座改进型号，即格罗斯特"流星"F8型，这款战斗机需要飞行员趴在驾驶舱内操纵飞机，这样可以削减前部机身的重量，同时飞行员能够承受更大的过载力。但飞行员也会因此而看不到飞机后方情况，这是非常危险的，最终人们为飞行员研制出抗荷服，解决了过载力过大的问题。

格罗斯特 "流星" 战斗机

格罗斯特 "流星" 战斗机是由航空先驱者弗兰克·惠特尔和乔治·卡特设计制成。它于1943年5月5日实现首飞,是英国皇家空军使用的第一架喷气战斗机。为了便于飞行员和地面射手识别,这架战斗机在战时用油漆涂上圆形的皇家空军标志及一组小数字和字母。二战后,该战斗机的各种型号被世界上很多国家的空军所采用,其中很多 "流星" 战斗机还被用来训练年轻飞行员及试验一些新型航空装备,如弹射座椅等。

③ 击落V-1飞弹

V-1飞弹是德国生产的外形像飞机一样,可以远距离飞行并命中目标的导弹。1944年夏天,一架格罗斯特 "流星" 战斗机在巡逻飞行时,发现了一枚V-1飞弹正向伦敦飞去,当时航炮出现故障,飞行员果断追击,并用战斗机机翼插到了飞弹弹翼底下,挑翻飞弹,使飞弹坠毁。这是 "流星" 战斗机第一次击落V-1飞弹,堪称航空史上的奇迹。

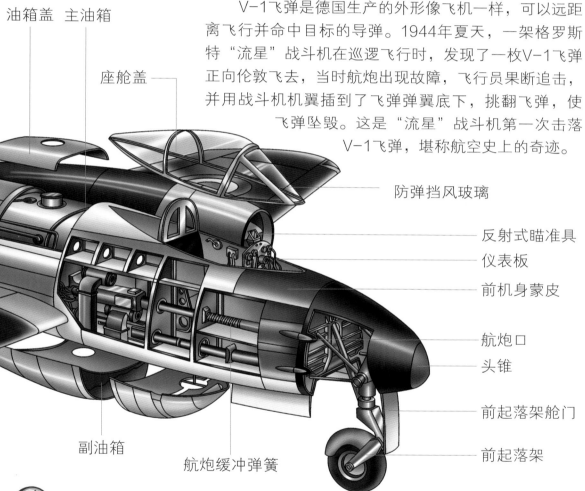

油箱盖 主油箱

座舱盖

防弹挡风玻璃

反射式瞄准具

仪表板

前机身蒙皮

航炮口

头锥

前起落架舱门

前起落架

副油箱

航炮缓冲弹簧

④ 地面加油

早期的 "流星" 战斗机在地面进行加油。为避免油料遇到油泵从油罐车中抽进飞机油箱的过程中所产生的电火花而发生爆炸,地勤人员必须穿着防止产生静电的橡胶鞋,并且使用跌落地面也不会引起火花的黄铜工具加油。

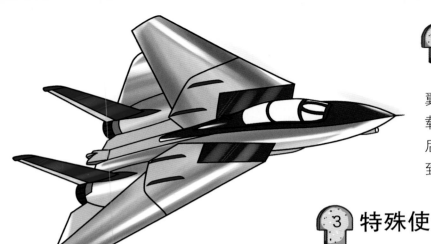

1 可变机翼

"雄猫"战斗机的机翼可以水平移动，通过机载的计算机控制机翼向前后收放，以适应飞行中遇到的各种情况。

3 特殊使命

该机在战时主要用于执行远程截击、战斗巡逻、禁区空中巡逻等任务。当其执行远程截击任务时，该机通常可以挂载6枚AIM-54升空巡逻；执行战斗巡逻任务时，挂载4枚AIM-54、两枚AIM-7或两枚AIM-9；而进行禁区空中巡逻任务时，则挂载4枚AIM-7和两枚AIM-9。

2 无线电确保通信

"雄猫"战斗机编组飞行时，机组之间采用无线电信号加密的形式进行通话，这样让敌人不仅很难破解通信信号的内容，也不容易对通信信号进行阻隔和干扰。

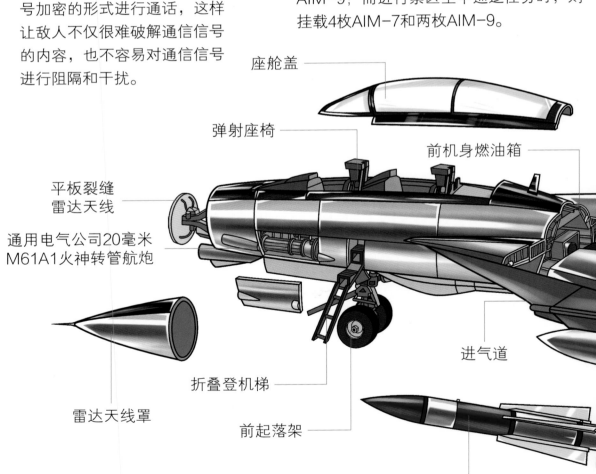

座舱盖

弹射座椅

前机身燃油箱

平板裂缝
雷达天线

通用电气公司20毫米
M61A1火神转管航炮

进气道

折叠登机梯

前起落架

雷达天线罩

AIM-54不死鸟
远程空对空导弹

F-14A "雄猫"战斗机

F-14A "雄猫"战斗机是美国海军曾使用的一款超音速及远程截击用重型舰载战斗机。主要用于升空巡航，防止敌方袭击舰队，保卫沿岸的领空。这种战斗机可供两人乘坐，装备有强大的武器，能非常快地从甲板弹射升空。自从20世纪70年代F-14A诞生以来，这种高速战斗机曾经成为美国海军舰队远程防空的主力。

 ## 高科技反攻击装置

"雄猫"战斗机装有先进的反导系统，当被敌方的导弹制导雷达锁定时，它可以立刻用携带的反辐射导弹沿着敌方雷达波进行逆向发射反击。除此之外，还可以抛射大量的羽毛状的金属箔条来欺骗敌方的雷达制导导弹，从而摆脱敌方导弹的攻击。

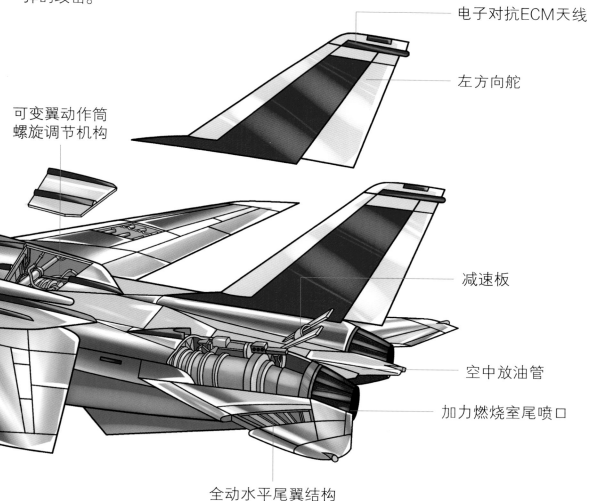

电子对抗ECM天线

左方向舵

可变翼动作筒
螺旋调节机构

减速板

空中放油管

加力燃烧室尾喷口

全动水平尾翼结构

美国F-16战斗机

F-16战斗机是世界上最成功的轻型战斗机种之一，它结构简单，只配备了一台发动机，价格便宜，性能可靠，于1978年末正式作为美国空军装备，后逐渐成为美国空军主力战斗机之一。F-16备受世界各国的欢迎，从1976年开始批量生产到现在共生产了约4600架，其中用于出口给其他国家的战斗机就超出了千架，F-16被称为"国际战斗机"。

1 大幅度优化视距

F-16的座舱盖采用气泡式，使得驾驶员的视野大大提高，可达360度。此外，前后座舱由两块透明玻璃板隔开，均可获得非常好的视野。F-16这种大幅度优化视距的设计是其一大亮点。

3 边条翼

F-16战斗机采用一种新型的机翼——边条翼，即在约25~45度的后掠角的机翼根部前缘处，加装一个后掠角很大的细长翼，从而形成复合机翼，这种边条翼大大改善了机翼的升力特性。

2 动力装置

F-16战斗机的发动机的进气道位于飞机的腹部，这一设计使飞机进行机动飞行时，进气流所受的干扰最小，还能避免吸入机炮的烟雾。

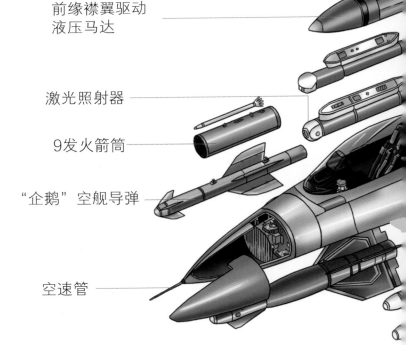

前缘襟翼驱动液压马达

激光照射器

9发火箭筒

"企鹅"空舰导弹

空速管

"小牛"空地导弹

4 翼身融合体

美国F-16战斗机的机翼机身结合处经过仔细整流，使之平滑过渡，最后圆滑地结合在一起。这样设计减小了机身波阻，提高了升阻比和跨音速颤振边界，还增强了刚度，使飞机具有良好的机动性。翼身融合体的设计在当时是较为先进的。

 5 放宽静稳定度

F-16战斗机在总体布局上采用了"放宽静稳定度"的技术。静稳定度是指气动中心到飞机重心的距离，而放宽静稳定度就是飞机的重心比普通飞机的重心更靠前，所以，尾翼的质量无需多大，也不用多大的面积，就可以保证整架飞机的稳定性，这在大大减少了整架飞机的重量的同时，也让F-16在超音速状态下具有了较高的升力。

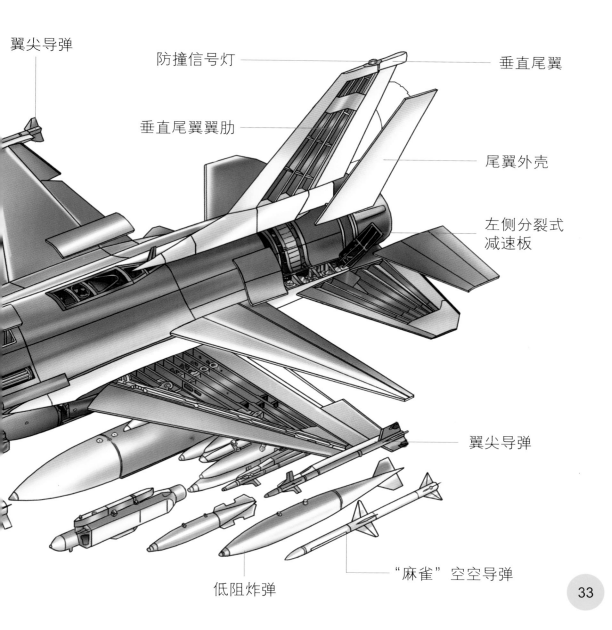

翼尖导弹

防撞信号灯

垂直尾翼

垂直尾翼翼肋

尾翼外壳

左侧分裂式减速板

翼尖导弹

"麻雀"空空导弹

低阻炸弹

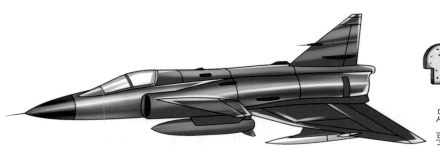

萨博雷式战斗机满足"一机多型"的战略要求，即该机可以按照不同的任务要求，换上相应的设备，灵活变成截击机、攻击机、侦察机和教练机等，从而执行不同的任务。在一定程度上，这也大大节省了在军事装备上的成本支出。

萨博雷式战斗机

萨博雷式战斗机是瑞典生产的一种多用途喷气式战斗机，于1971年正式服役。当飞机换上了某些设备之后，可以分别执行攻击、截击、侦察和训练等任务，是瑞典为之骄傲的战斗机。

 鸭翼

在主机翼的前面配置了一对小型三角翼，被称为鸭翼。鸭翼自身产生的升力并不大，基本是个涡流发生器，它可以将气流集聚在主翼上方，从而增加了飞机的升力和机动性，并大大提高了爬升速度。

前燃油箱加注口

座舱盖

弹射座椅

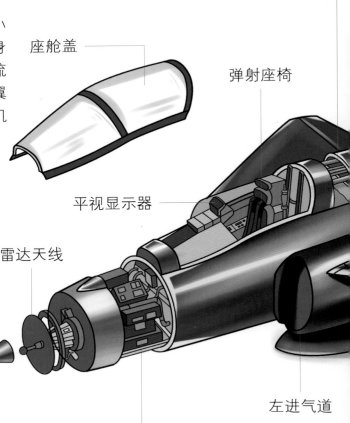

雷达天线罩

平视显示器

雷达天线

空速管

左进气道

PS-37/A雷达

③ 强大的反推力装置

　　萨博雷式战斗机的发动机尾喷管内末段有3块可伸缩的反推力挡板,当飞机着陆时,3块挡板便会自动伸出,切入发动机喷气尾流中,将尾喷管口的强大喷射气流导向机身前方,从而迅速制动,在公路降落时,滑跑距离不超过500米。

④ 作战维护

　　萨博雷式战斗机的机体下方有100多个维护用舱门,维护时不须使用扶梯,地勤人员在地面即可对飞机完成维护作业。

⑤ 武器系统

　　萨博雷式战斗机早期使用的主要武器是RB04空-舰导弹,后期使用的是先进的RBS-15F空-舰导弹,偶尔也挂载 120 公斤炸弹和30毫米航炮吊舱。

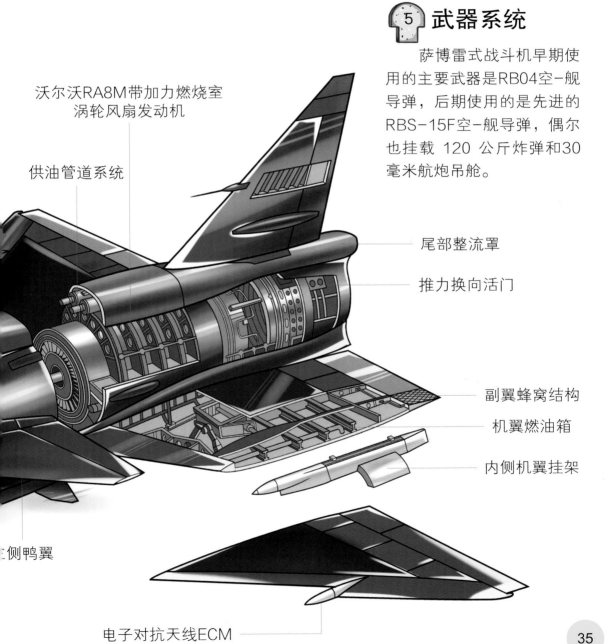

沃尔沃RA8M带加力燃烧室涡轮风扇发动机

供油管道系统

尾部整流罩

推力换向活门

副翼蜂窝结构

机翼燃油箱

内侧机翼挂架

侧鸭翼

电子对抗天线ECM

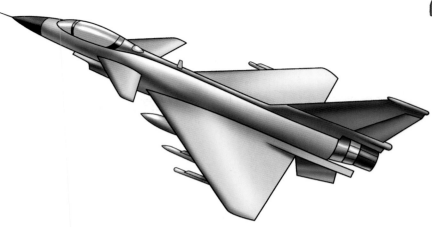

翼身融合

"狮"式战斗机使用"翼身融合"的设计概念，把机身和机翼结构融为一体，整体机身犹如飞行翼，这有利于提升飞机的升力和燃油效率。

以色列"狮"式战斗机

"狮"式战斗机是以色列为满足本国空军的要求而专门设计的一种轻型多功能战斗机，于1979年开始研发，1986年12月31日第一架"狮"原型首次试飞成功。后因为经费和技术的原因，1987年8月以色列停止"狮"的研制。虽然该机没有投入正式生产，但它具有机动性好，能高速突防，轰炸准确度高等特点，在现代航空史写下了浓重的一笔。

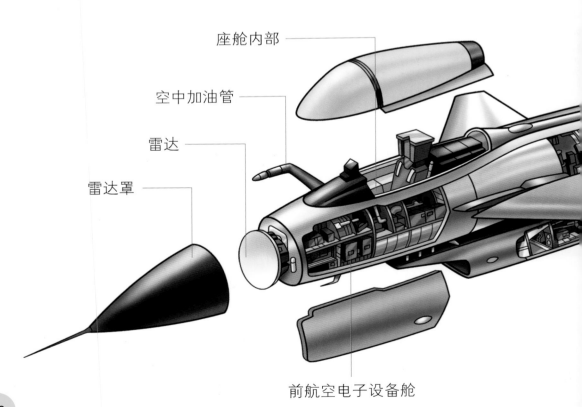

座舱内部

空中加油管

雷达

雷达罩

前航空电子设备舱

鸭式布局

　　"狮"式战斗机采用鸭式布局的气动方式，即将水平尾翼移至主翼前方的机头两侧，不仅可以用较小的翼面实现同样的操纵效能，而且前翼与机翼可以同时产生升力，与水平尾翼会产生向下的压力相比，性能大大提高。

 ## 先进座舱

　　"狮"式战斗机的座舱采用气泡式挡风玻璃，使飞行员具有良好的视野。而传统的垂直座椅和中置控制杆布局，更利于飞行员控制飞行。"狮"式战斗机选择先进的大内存任务计算机，用于显示、数字雷达、存储管理等综合航空电子设备。

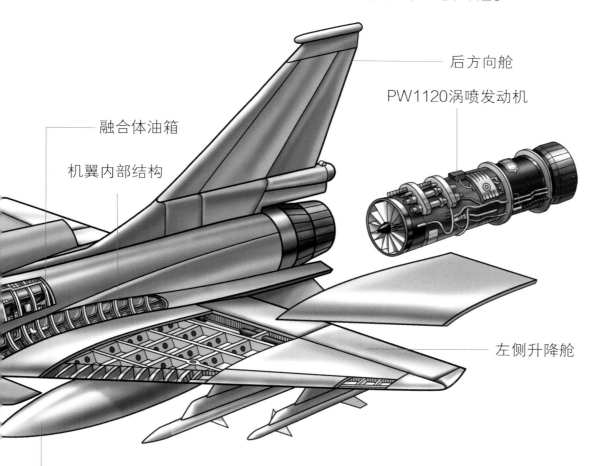

后方向舱

PW1120涡喷发动机

融合体油箱

机翼内部结构

左侧升降舱

机翼副油箱

可调节进气道

　　"狮"式战斗机的进气道位于机腹下面，由调节板调节进气流量，能为发动机提供不同飞行状态所需的气流，非常适合高性能空中作战。除此之外，可调节的进气道也提高了该机飞行时的发动机推力，使得该机获得更好的爬升和高速性能。

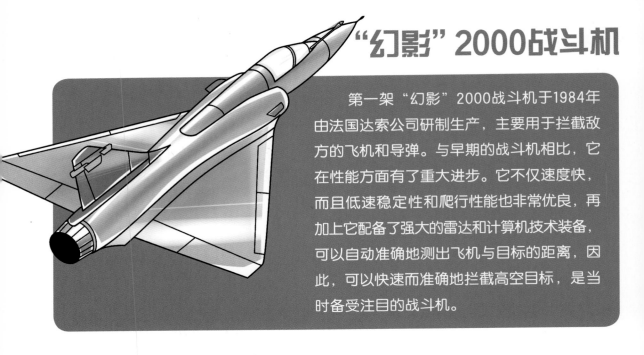

"幻影"2000战斗机

第一架"幻影"2000战斗机于1984年由法国达索公司研制生产，主要用于拦截敌方的飞机和导弹。与早期的战斗机相比，它在性能方面有了重大进步。它不仅速度快，而且低速稳定性和爬行性能也非常优良，再加上它配备了强大的雷达和计算机技术装备，可以自动准确地测出飞机与目标的距离，因此，可以快速而准确地拦截高空目标，是当时备受注目的战斗机。

 无尾三角翼

"幻影"战斗机最显著的特征是没有水平尾翼，它的机翼采用大三角形的三角翼，这样有利于减小高速飞行时的空气阻力，机翼周边安装有副翼和襟翼，配合机翼完成转向、爬升等动作。

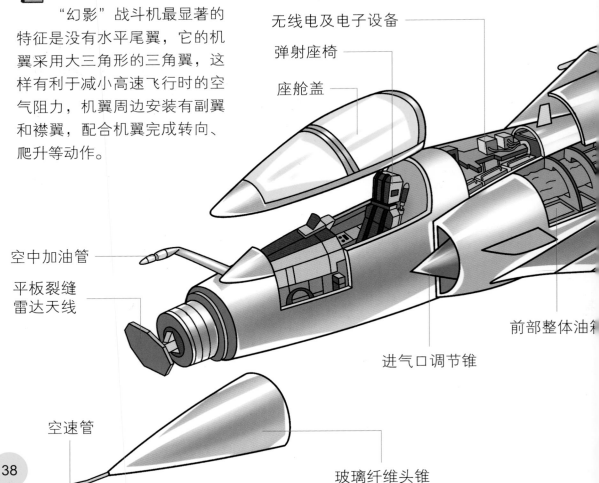

无线电及电子设备

弹射座椅

座舱盖

空中加油管

平板裂缝
雷达天线

进气口调节锥

前部整体油箱

空速管

玻璃纤维头锥

2 电传操作飞行

　　"幻影"战斗机采用较为先进的电传操作系统，即将飞行员的动作指令变成电信信号送往机载计算机，再由计算机执行操作，控制飞行。与早期喷气式战斗机依靠飞行员的推拉驾驶杆和蹬踏方向舵脚蹬驱动液压动作筒等操作来控制飞行相比，更为精确。

3 高科技导弹

　　幻影战斗机的机翼和机身下混合挂载了各种导弹，除了当时比较常用的通过雷达感应命中目标的雷达制导导弹和通过红外线传导的红外线制导导弹外，还配备了能沿着激光光束命中目标的高科技激光制导炸弹。

4 动力装置

　　"幻影"2000战斗机配备的是M53发动机，这是一种单轴式涡轮风扇发动机，是世界上唯一能够批量生产的单轴式涡轮风扇发动机。M53发动机的结构十分简单，由10个可更换的单元体组成，易于维护。

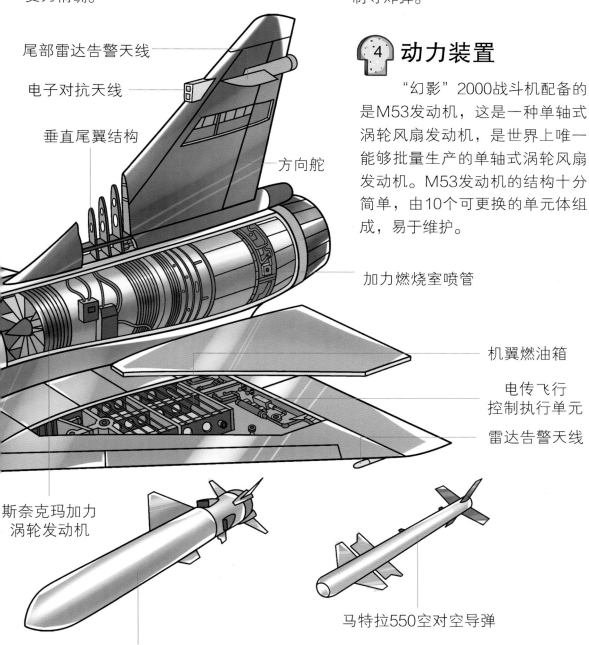

尾部雷达告警天线

电子对抗天线

垂直尾翼结构

方向舵

加力燃烧室喷管

机翼燃油箱

电传飞行控制执行单元

雷达告警天线

斯奈克玛加力涡轮发动机

飞鱼反舰导弹

马特拉550空对空导弹

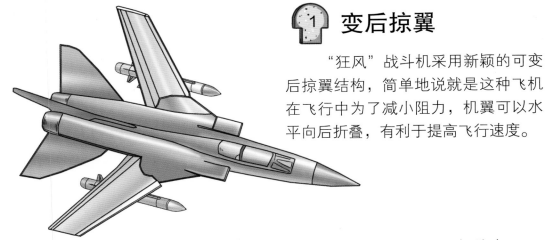

① 变后掠翼

"狂风"战斗机采用新颖的可变后掠翼结构，简单地说就是这种飞机在飞行中为了减小阻力，机翼可以水平向后折叠，有利于提高飞行速度。

"狂风" GR.MK4战斗机

"狂风"战斗机是北约组织基于灵活应对突发事件的战略思想而研制的，于1980年开始服役，具有体形较小、速度快、动力足、火力强大、操作灵活的特点，是进行近距离空中支援、战场遮断、截击、防空、对海攻击、电子对抗和侦察的有力武器。

② 可调式进气道

"狂风"战斗机的进气道位于机身两侧，在飞行时可根据飞行条件的变化自动调节，能够适应在不同速度和高度条件下飞行时的进气需要。同时，"狂风"战斗机的进气道采用了独立的电动防冰装置，保证其在低温区域也可正常工作。

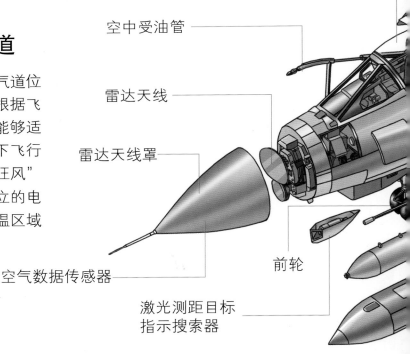

飞机外壳

驾驶舱

空中受油管

雷达天线

雷达天线罩

空气数据传感器

前轮

激光测距目标指示搜索器

③ 火力强大

"狂风" GR.MK4战斗机的火力非常强大，最大载弹量可达9吨，为最大起飞重量的1/3。此外，还安装有毛瑟机炮，另有7个外挂架，可挂载各种威力强大的武器。

串联双座

　　"狂风"战斗机的座舱配备了两个座位，且为前后串置，减小了飞机的宽度，降低了阻力，从而提高了战斗机的飞行速度。

 ## 多种型号

　　"狂风"战斗机根据不同的用途，生产了不同的型号，如对地攻击型、防空截击型、电子战/侦察型，图中所示的"狂风"GR.MK4就是对地攻击型。此型号的"狂风"战斗机拥有高精度攻击武器和精确导航系统，可以有效攻击隐藏在浓雾中的目标，以及那些在高速飞行产生低噪声和低振动强度的目标。

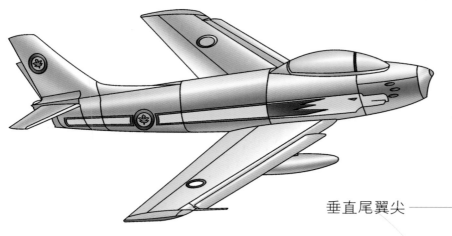

F-86佩刀战斗机

F-86佩刀战斗机是美国设计的第一代喷气式战斗机，用于空战、拦截与轰炸。该机于1949年服役。它是世界上首架俯冲速度可达到音速的飞机，也是美国第一架装备弹射椅、第一架可以携带空空导弹的战机。F-86佩刀战斗机曾被世界上许多国家购买使用过，直到20世纪60年代末才逐渐被淘汰。现存F-86佩刀战斗机大多已改装成无人驾驶靶机，用于作战训练。

垂直尾翼尖

右水平尾翼

发动机高温尾喷管

放油口

减速板液压动作筒

减速板（张开状态）

皮托静压管

右翼航行灯

右翼副油箱

 1 副油箱

左右机翼下面各安装了一个副油箱。在飞行中首先使用副油箱里面的燃料，燃料用尽后，飞机可将副油箱抛掉来减轻自身重量。

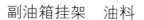

副油箱挂架　　油料

2 座舱气压调节

　　F-86佩刀战斗机配备了以前从未应用在战斗机上的座舱气压调节系统，可使飞机在高空飞行，即使面对空气稀薄或温度、气压降低的恶劣环境时，飞机座舱内也能有一个舒适的空间。

3 独特的后掠翼

　　佩刀战斗机的主机翼采用的是后掠翼设计，后掠翼是指飞机机翼不是垂直于机身而是向后伸展的，这种设计可以减小飞机在飞行过程中的阻力，使得佩刀战斗机的飞行速度更快。

4 武器装备

　　F-86佩刀战斗机的机头配备了6挺M-3型12.7毫米机枪，翼下可挂两枚"响尾蛇"空空导弹或两颗454千克炸弹，也可挂8~16枚127毫米的火箭弹，满足了大型战事要求。

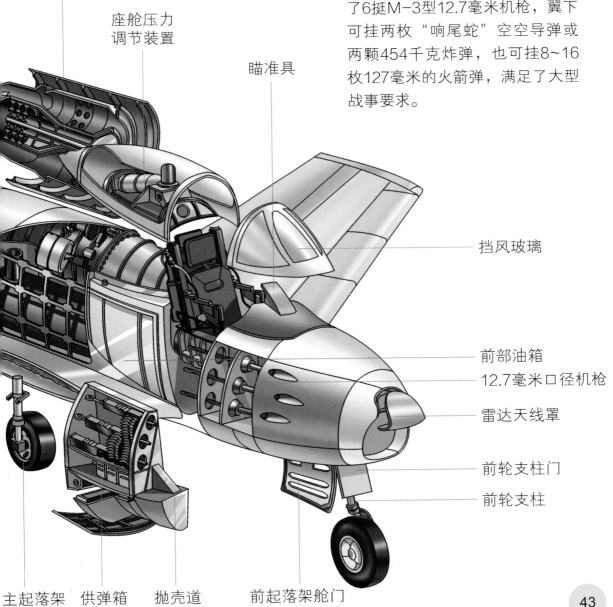

加拿大奥伦达14型涡轮喷气发动机

座舱压力调节装置

瞄准具

挡风玻璃

前部油箱

12.7毫米口径机枪

雷达天线罩

前轮支柱门

前轮支柱

主起落架　供弹箱　抛壳道

前起落架舱门

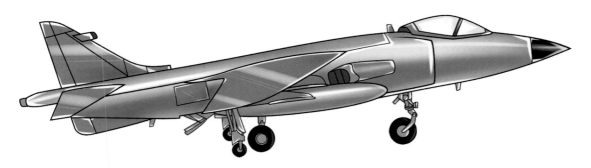

鹞式战斗机

鹞式战斗机是一种可以垂直起降的固定翼战斗机。世界上第一架鹞式战斗机是英国研制的，于1969年在英国空军服役。其主要使命是海上巡逻、舰队防空、攻击海上目标、侦察和反潜等。2013年12月15日，服役半个世纪的英国产鹞式战斗机正式退役。

 1 独特的起飞与降落方式

鹞式战斗机的机身前后有4个可旋转的动力喷气口，当飞机起飞时，喷管转向地面喷射气流，使飞机从地面升空，然后喷管转向后方，推动飞机往前飞行。降落时，飞机首先在减速板制动的作用下悬停或飘浮在空中，然后以这个姿态缓缓下降，最终轻轻地着陆。

交流发电机

罗尔斯·罗伊斯涡轮风扇发动机

马丁·贝克弹射座椅

座舱盖

雷达天线罩

空速管

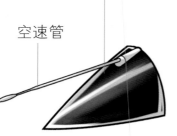

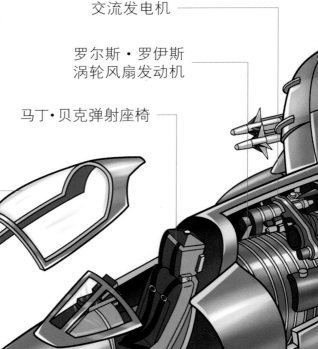

雷达天线

减速板和喷嘴角度控制手柄

前起落架

2 驾驶技术高

　　普通喷气式战斗机只有起飞和降落两种操作模式，而鹞式战斗机的飞行员则必须控制好4个旋转式喷气管的旋转角度和喷气力度，来确保飞机的平衡和所需要的升力。如果是在夜间或航行中的军舰甲板上起降，飞行员需要考虑的因素就更多了。

 ## 3 弹药

　　鹞式战斗机可以搭载的武器弹药种类非常丰富，如激光制导导弹、精确打击炸弹、集束炸弹、"响尾蛇"空空导弹、"马特拉"火箭弹等。

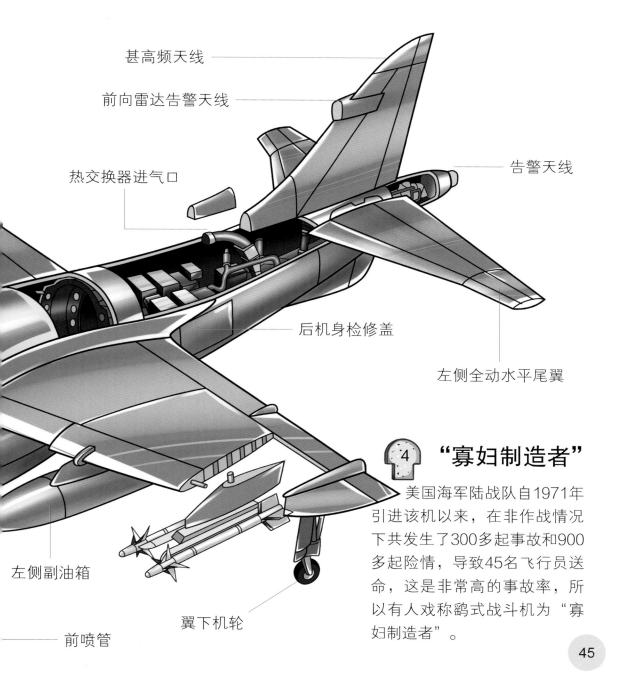

甚高频天线

前向雷达告警天线

热交换器进气口

告警天线

后机身检修盖

左侧全动水平尾翼

4 "寡妇制造者"

　　美国海军陆战队自1971年引进该机以来，在非作战情况下共发生了300多起事故和900多起险情，导致45名飞行员送命，这是非常高的事故率，所以有人戏称鹞式战斗机为"寡妇制造者"。

左侧副油箱

翼下机轮

前喷管

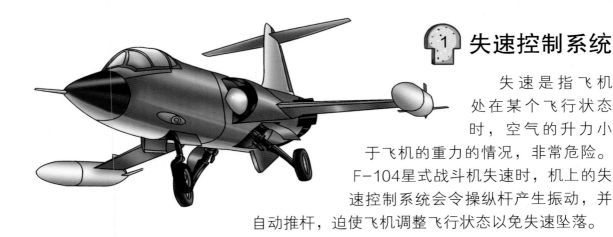

① 失速控制系统

失速是指飞机处在某个飞行状态时，空气的升力小于飞机的重力的情况，非常危险。F-104星式战斗机失速时，机上的失速控制系统会令操纵杆产生振动，并自动推杆，迫使飞机调整飞行状态以免失速坠落。

星式战斗机

F-104星式战斗机是世界上第一架拥有两倍音速的战机，由美国洛克希德公司设计制造，于1958年成为美军装备。因为F-104星式战斗机飞行速度极快，外形小巧而细长，所以被人称作"有人驾驶导弹"。目前最后一个使用国家意大利已经将所有的F-104S退出现役，结束了星式战斗机超过50年的服役生涯。

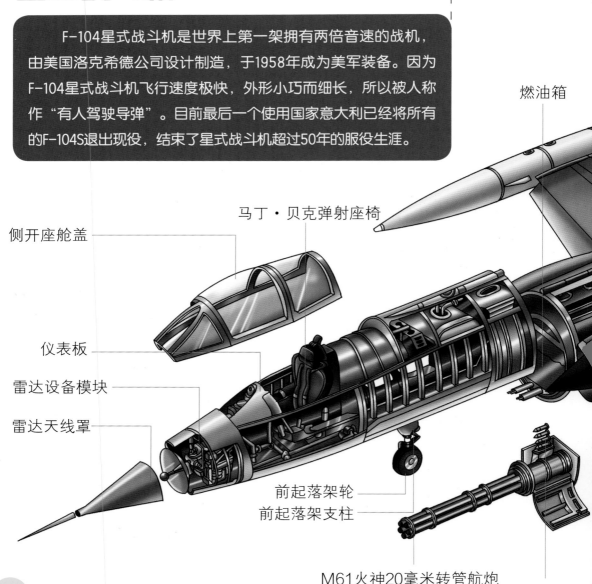

燃油箱

马丁·贝克弹射座椅

侧开座舱盖

仪表板

雷达设备模块

雷达天线罩

前起落架轮

前起落架支柱

M61火神20毫米转管航炮

航炮弹链

"飞行棺材"

F-104星式战斗机因为机身长、机翼短小，升力自然受限制，遇到发动机熄火故障时不能像大飞机那样滑翔降落，而是像一块废铁那样直直掉落，造成机毁人亡的惨剧。德国空军曾大量装备该机，但因为前联邦德国山区气流不稳，发动机易出故障，曾出现过在一天内摔毁4架的惨剧，于是该机有了"飞行棺材"的绰号。

 ## "响尾蛇"空空导弹

F-104星式战斗机的左右机翼尖各悬挂1枚"响尾蛇"空空导弹，这种导弹是以红外线作为引导方式的空空导弹，它可以循着敌方战斗机尾喷管的热量对敌机进行跟踪和打击，精准度高，威力大。

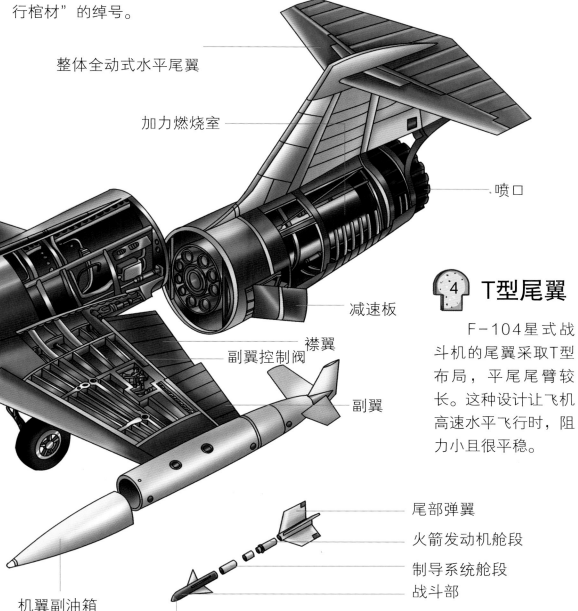

整体全动式水平尾翼

加力燃烧室

喷口

T型尾翼

F-104星式战斗机的尾翼采取T型布局，平尾尾臂较长。这种设计让飞机高速水平飞行时，阻力小且很平稳。

减速板

襟翼

副翼控制阀

副翼

尾部弹翼

火箭发动机舱段

制导系统舱段

战斗部

机翼副油箱

"响尾蛇"空空导弹

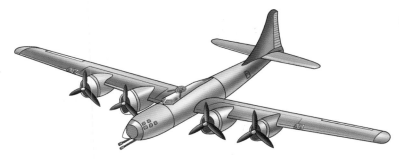

1 主起落架

"空中堡垒"轰炸机主起落架可以向前收起到内侧发动机舱，主轮不能完全收入，边缘还暴露在气流中，须进一步改进。

"空中堡垒"轰炸机

B-17轰炸机是第二次世界大战初期，美国空军的主要战略轰炸机。它不仅载弹量大而且坚固可靠，战场上一些B-17轰炸机在经受了令人难以置信的破坏以后，还能幸存下来并飞回机场，挽救了不少机组成员的生命，因而被人称为"空中堡垒"。

2 三叶螺旋桨

"空中堡垒"轰炸机在外观上的最大特点就是，其左右机翼分别配备了两个三叶螺旋桨。其在发动机的驱动下快速旋转，对飞机产生推力。

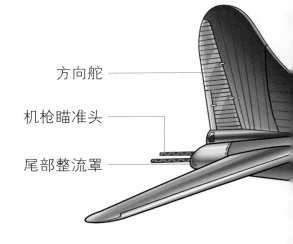

方向舵

机枪瞄准头

尾部整流罩

3 机枪炮塔

"空中堡垒"轰炸机的机身上安装了4个流线型机枪炮塔，一个位于机背靠近机翼后缘的位置，一个位于机腹机翼后缘的位置，另外两个分别安装在后机身腰部两侧。机枪可通过内部的支架进行自由转动，每个支架可以安装一挺7.62毫米或12.7毫米的机枪，威力势不可当，让人生畏。

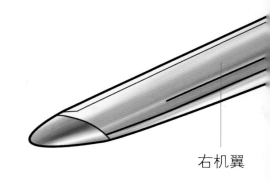

右机翼

4 雷达瞄准具

"空中堡垒"是世界上第一种装有雷达瞄准具的轰炸机，能够在高空中精确投弹，提高了攻击的命中率。该机的出现使人们有了战略轰炸的意识。1940年，该机在欧洲战场上因轰炸德国柏林而闻名于世界。

 ## 5 尾轮

"空中堡垒"轰炸机的尾轮位置非常低，升降舵放下时尾轮会接触到地面。为了避免飞机停放在地面时升降舵暴露在外造成损坏，升降舵没有完全调节出来，而是被锁在中间位置，因此，在起飞之前，飞行员需要先解除锁定。

—— 尾轮

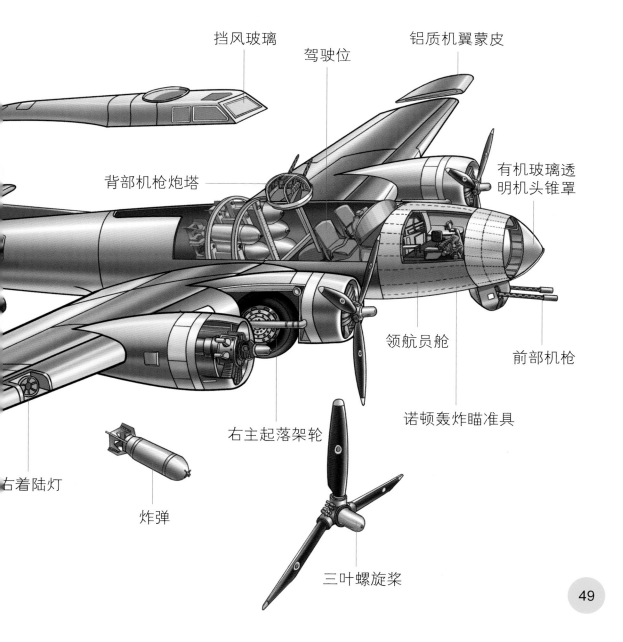

挡风玻璃

驾驶位

铝质机翼蒙皮

背部机枪炮塔

有机玻璃透明机头锥罩

领航员舱

前部机枪

诺顿轰炸瞄准具

右着陆灯

炸弹

右主起落架轮

三叶螺旋桨

"火神" B.MK.2轰炸机

"火神"轰炸机是一种中程战略喷气轰炸机,与"勇士"轰炸机和"胜利者"轰炸机一起构成了英国战略轰炸机的三大支柱。它于1947年开始研制,于1952年8月第一次试飞成功,并于1956年开始装备英国空军,直到1991年才退役,是3大支柱中服役时间最长的轰炸机。其最重要的两种改型为火神B.MK.1和火神B.MK.2,图中所示即为火神B.MK.2。

1 奇特的外形

"火神"的机翼从前缘开始向后逐渐加大,形成像鸟翼那样的一个弧形前缘,加上翼根弦很长,包裹着大部分机身,远远看上去就像一只在天空中奋力展翅的雄鹰。

2 三角翼无尾飞机

"火神"轰炸机采用三角翼,即机翼的平面形状呈三角形,具有后掠角大、结构简单的特点。"火神"轰炸机是世界上最早的一款投入使用的采用三角机翼、无平尾的飞机。

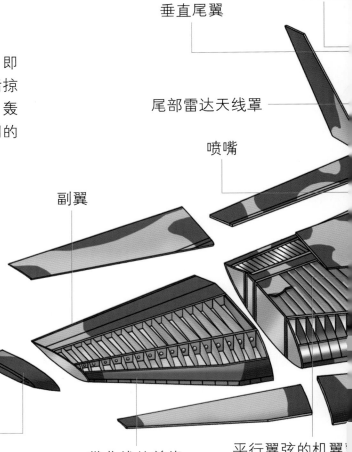

方向舵

垂直尾翼

尾部雷达天线罩

喷嘴

副翼

翼尖天线

右侧航行灯

带曲线的前缘

平行翼弦的机翼

3 机组成员5人

一架"火神"轰炸机配备5个机组成员，包括正副驾驶员、电子设备操作员、雷达操作员及领航员。正副驾驶员乘坐的驾驶舱位置较高且有凸起的座舱罩，利于扩大驾驶舱的视野并对驾驶员进行保护。与众不同的是，座舱罩还可以被整体拆除，维护起来非常方便。

 ### 4 弹药

"火神"轰炸机的机身腹部安装了一个长为8.5米的炸弹舱，可以挂载21颗454千克的炸弹、核弹或1枚"蓝剑"空地导弹，是当时火力较为猛烈的轰炸机之一。

5 登机舱门

"火神"的登机舱门设置于前起落架的前方，舱门内侧巧妙地集成了台阶和可收放的梯子，在紧急跳伞时，梯子可被轻易拆掉。

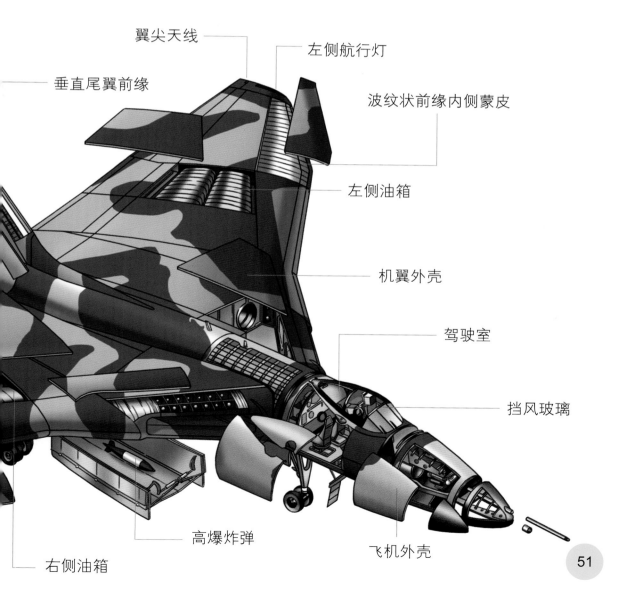

翼尖天线

左侧航行灯

垂直尾翼前缘

波纹状前缘内侧蒙皮

左侧油箱

机翼外壳

驾驶室

挡风玻璃

高爆炸弹

飞机外壳

右侧油箱

B-47E-Ⅱ "同温层喷气" 轰炸机

B-47 "同温层喷气" 轰炸机是一种中程轰炸机，主要用于在中高空对敌目标进行轰炸。它由美国波音公司研制，是世界上第一种实用的战略喷气式轰炸机。B-47原型机在1947年12月实现首飞，速度非常快，比当时大多数战斗机的速度都快，深受空军的喜爱。其有多种改型，包括B-47B、XB-47、B-47A、RB-47E、B-47E-Ⅱ、RB-47B等，图中所示即为B-47E-Ⅱ "同温层喷气" 轰炸机。

 ## 座舱

"同温层喷气" 轰炸机的机身前段配备了一个气密座舱，3个座位，这是轰炸机中极为少见的。其中正副驾驶座前后串列，领航员座在前方，3个座位都为弹射座椅，而且正副驾驶座采用座椅向上弹射，领航员座椅采用向下弹射。

 ## 动力充足

B-47E-Ⅱ "同温层喷气" 轰炸机是由B-47B发展而来的生产型，配备了6台涡喷发动机和33个推力为450公斤的可投掷的助飞火箭，动力十足，速度可达977千米/时，是轰炸机中速度最快的飞机之一。

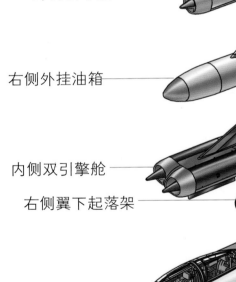

外侧引擎舱

右侧外挂油箱

内侧双引擎舱

右侧翼下起落架

空中加油受油嘴

轰炸瞄准潜望孔

机腹雷达天线罩

机组入口

3 弹药

　　"同温层喷气"轰炸机配备了两门20毫米机炮，并在机尾遥控回转炮塔上安装有射击雷达瞄准具，大大提高了轰炸的精确度。此外，在机身中段两个主起落架之间有一个长7.9米的弹舱，可以挂载一枚4500公斤的核弹，威力十足。

4 产量大

　　B-47从1951年开始进行大量生产，截至1957年2月，加上各种变型的型号，总共生产了2060架，并且有一段时间内，有大概1800架在战略空军同时服役，这是战略轰炸机史上第一次出现如此壮观的现象。

垂直尾翼翼肋

尾翼

弹药装载门

后部电子设备箱

后轮

副翼

5 机组成员3人

　　该机机组人员共有3人：驾驶员、副驾驶兼炮手、投弹手兼导航员。但对于庞大而复杂的B-47来说，这些人手有些不足，因为这3名机组人员要应付大约300多个仪表、开关、控制杆，很容易手忙脚乱。也因此，服役初期的大部分事故是人为因素造成的。

外侧引擎舱

左侧外挂油箱

|双引擎舱

机翼承力组件

B-1B采用机翼作为主要的承受力量的组件，因此，机翼绝大部分用钛合金制造，翼套大型整流罩则采用玻璃纤维制造。

 先进的航电系统

为增强低空突防能力，B-1B采用复杂的航电系统，如自动飞行控制系统，负责导航、武器管理和投放的进攻性航电系统，防御性航电系统。其中进攻性航电系统无需任何光学和激光瞄准具，即可精确投放传统炸弹。

 固定进气道

B-1B采用固定进气道，两组发动机短舱斜切进气口，背靠背面向两侧。进气口内有一组挡板用来折射雷达波，以免直接照射到发动机风扇叶片上。

 起落架

B-1B双轮前起落架有液压转向装置，向前收入机头下方的起落架舱中。主起落架安装在机腹下方发动机短舱之间，采用4轮小车式机轮，向上收入机腹。该机的起落架在飞行时收起，可有效减少飞机的阻力。

右侧机翼

右侧前缘
射频监控

弹射座椅

多用途相控阵
雷达天线

雷达天线罩

雷达

结构模式控制
系统前安定面

B-1B "枪骑兵" 超音速战略轰炸机

B-1 "枪骑兵" 轰炸机是20世纪70年代研制成功的一种重型远程战略轰炸机。它于1974年进行首次试飞,并于1985年开始服役。B-1B "枪骑兵" 超音速战略轰炸机是B-1 "枪骑兵" 轰炸机的主要改型,主要用于低空高速突防,到2013年还有60多架服役于美国空军,成为美国空军战略威慑的主要力量之一。

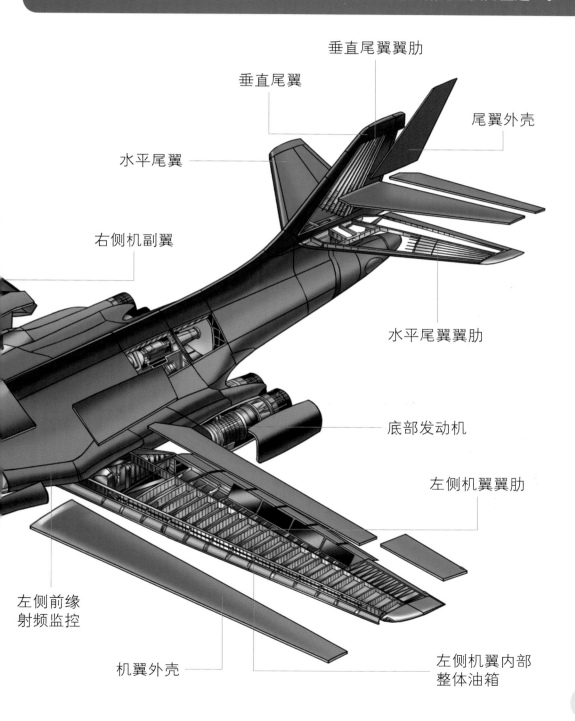

垂直尾翼翼肋

垂直尾翼

尾翼外壳

水平尾翼

右侧机副翼

水平尾翼翼肋

底部发动机

左侧机翼翼肋

左侧前缘
射频监控

机翼外壳

左侧机翼内部
整体油箱

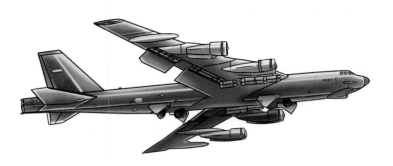

 弹舱天花板

B-52的弹舱天花板同时也是油箱地板，非常平整，两侧还设有加强筋用来提高整体结构的强度。

 突防能力增强

B-52装备了美国第一种战略空地导弹AGM-28"大猎犬"巡航导弹，突防能力大大增强。该导弹可携带400万吨当量的核弹头，尺寸巨大，挂在内侧机翼的发射架上，可用来攻击敌方雷或战略目标，在敌方严密的防控体系上打开缺口。

 机身横截面为矩形

B-52机身横截面大致为矩形，与卵形横截面相比，弹舱的有效容积更大。

右侧机翼

 机翼结构具有弹性

B-52的机翼结构极具弹性，翼尖能往上弯曲6.7米，往下弯曲3米而丝毫不影响整个机身结构的稳定性。

右侧发动机

机身上梁

空中加油受油嘴

驾驶舱

前雷达天线罩

右侧红外微光电视扫描装置转塔

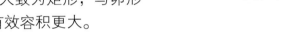

B-52 "同温层堡垒" 战略轰炸机

B-52亚音速远程战略轰炸机，俗称"同温层堡垒"，是一款配备了8台发动机的轰炸机。B-52是美国战略轰炸机当中能发射巡航导弹的机种，美国空军现在准备让B-52一直服役至2050年，服役时间将长达90年，是美国空军战略轰炸机的主力之一。

 ## 5 油箱

一般来说，飞机飞行的航程的远近与其载油量成正比，该机因为飞行航程较远，所以机内外设置了众多油箱，其中仅翼身载油量就高达147,120升。与此同时，为了防止在飞行过程中由于机身弯曲造成燃油泄漏，该机摒弃了整体油箱设计而改用软式燃料囊，从而保证了飞行的安全。

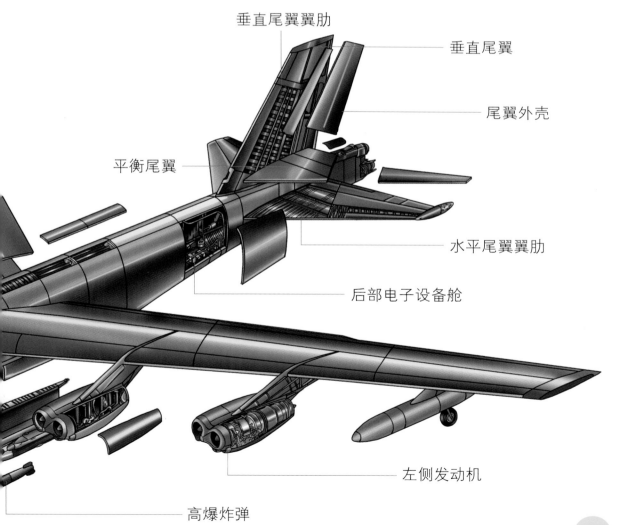

垂直尾翼翼肋

垂直尾翼

尾翼外壳

平衡尾翼

水平尾翼翼肋

后部电子设备舱

左侧发动机

高爆炸弹

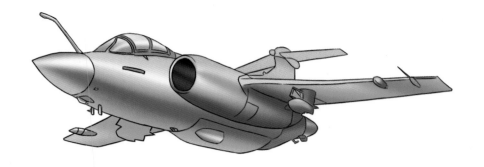

"掠夺者" 攻击机

"掠夺者"攻击机开始研制于20世纪50年代，首架原型机于50年代末试飞成功，是一种非常优秀的舰载低空海上攻击机，也是20世纪60年代英国海军的杀手锏之一。它的出现是当时的英海军为快速突破敌军舰载雷达和防空导弹的防御，而集中科技力量研制的一种低空高速舰载攻击机。

1 尾锥

"掠夺者"攻击机的尾锥由两块减速板构成，在液压系统的作用下可向左、右两侧打开，对于俯冲时减速非常有用。

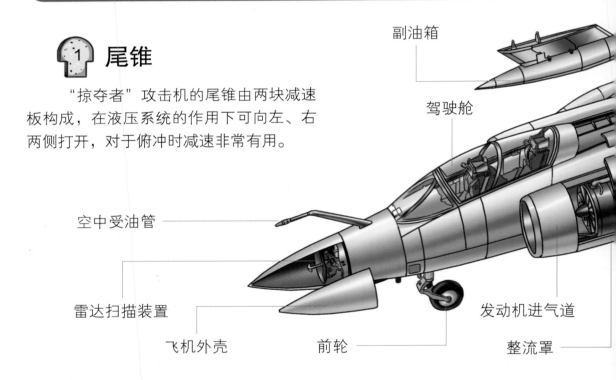

副油箱

驾驶舱

空中受油管

雷达扫描装置

飞机外壳

前轮

发动机进气道

整流罩

2 可收放前三点式起落架

"掠夺者"攻击机采用前三点式起落架，即两个支点(主轮)对称地安置在飞机重心后面，第三个支点(前轮)安置在机身前部。它的起落架均可以收放，其中主起落架可以向内侧收入发动机短舱下方的轮舱内，前起落架可以向后收入前机身座舱下面，减小了飞行时的阻力。

3 武器装备

在"掠夺者"攻击机弹舱门的内侧可装4枚炸弹，其中有一枚454千克或两枚250（有时225）千克的炸弹，或一个装有18枚68毫米火箭的发射器，或一个装有36枚50.8毫米火箭的发射器，或一枚"玛特拉"空地导弹，能够产生强大破坏力。

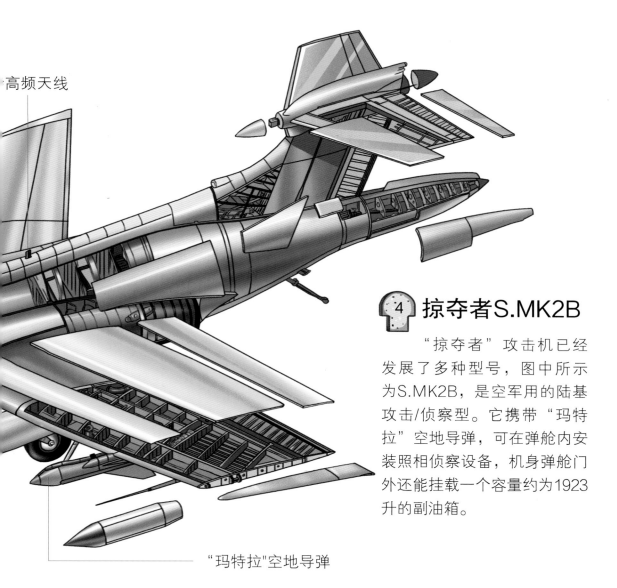

高频天线

"玛特拉"空地导弹

4 掠夺者S.MK2B

"掠夺者"攻击机已经发展了多种型号，图中所示为S.MK2B，是空军用的陆基攻击/侦察型。它携带"玛特拉"空地导弹，可在弹舱内安装照相侦察设备，机身弹舱门外还能挂载一个容量约为1923升的副油箱。

5 两座椅可单独抛盖

"掠夺者"攻击机的两个飞行员座椅为前后设置，共用一个座舱盖，依靠电驱动往后滑动即可打开，不过，两座椅也可以分段单独抛盖。座舱盖的风挡非常坚固，抗撞击力非常强，还使用金箔夹层进行电加热防冰。

A-10 "雷电" 攻击机

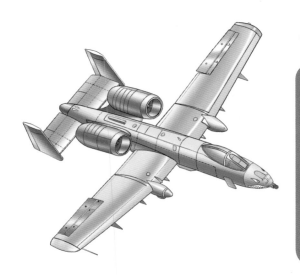

A-10 "雷电" 攻击机诞生于20世纪70年代，现在依然为美国空军所装备的一种负责对地面部队提供支援任务的攻击机，依靠强大的火力、坚厚的装甲，专门对地面进行攻击，具有作战效能高、价格便宜、载弹量大、能在前线简易跑道上起降等优点。

1 吊尾式发动机布局

A-10的两个发动机短舱安装在飞机尾部，称作吊尾式发动机布局。这种设计不仅简单，还减轻了结构重量，且最大限度地避免了发动机在飞机起飞和降落时吸入异物。

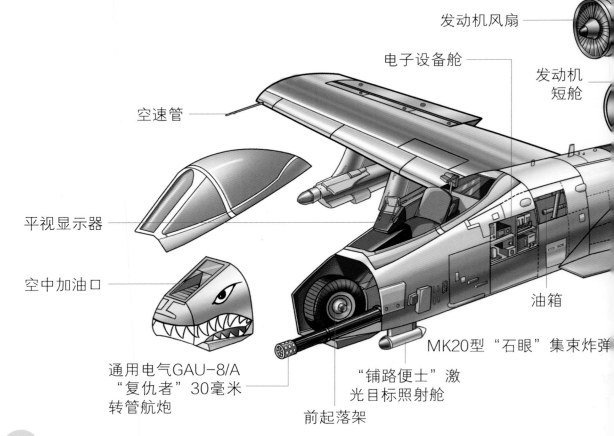

压气机叶片

发动机风扇

电子设备舱

发动机短舱

空速管

平视显示器

空中加油口

油箱

MK20型 "石眼" 集束炸弹

通用电气GAU-8/A "复仇者" 30毫米转管航炮

"铺路便士" 激光目标照射舱

前起落架

两个垂直尾翼

　　A-10配了两个垂直尾翼，大大提高了飞行的稳定性，而且在作战中即便有一个垂尾被破坏，飞机依旧可以操纵。

 ## 武装装备

　　A-10攻击机的前机身内左下侧安装了7管加特林式机炮，可以对地面上的装甲目标进行攻击。另外，A-10攻击机配备了11个外挂架，每个机翼下各4个，机身下3个，可以挂载大量的弹药。

 ## 抗损能力强

　　A-10抗损能力非常强，很多结构器件均有装甲保护。座舱周围采用钛合金装甲板，内侧还衬有防弹纤维，机腹部也采用钛合金装甲，可抵挡23毫米穿甲弹的打击。

 ## 机翼

　　与其他攻击机相比，A-10"雷电"攻击机的机翼不仅宽而且直，它的翼尖还向下弯曲，这种设计使得该机在低速飞行时具有极好的机动性,能够在打击目标的上空完成急转弯,飞行更加灵活。

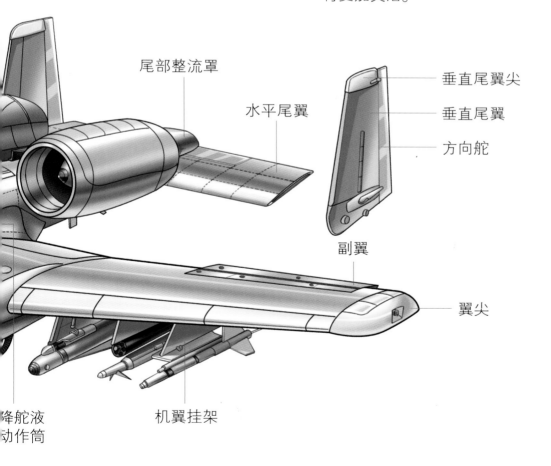

尾部整流罩

水平尾翼

垂直尾翼尖

垂直尾翼

方向舵

副翼

翼尖

降舵液动作筒

机翼挂架

"黑鸟"侦察机

SR-71侦察机是世界上最快的喷气式载人飞机，速度超过3倍音速，在执行侦察任务时，一旦侦察到导弹袭击，只需稍微加速就可以摆脱导弹。SR-71侦察机是20世纪60年代由美国研制出来的，由于全身涂成深蓝色，故被称为"黑鸟"侦察机。

速度快得惊人

"黑鸟"配备了两台配有加力燃烧室的J58发动机，动力强劲，当飞行速度提高，发动机的效率也随之提升，最高时速纪录达3500千米，创下飞行速度的世界纪录。

体格超强

"黑鸟"机身和机翼由耐高温钛合金制造。

中部空中加油口

电子设备舱

计算机平台

后座舱盖

前部钛合金座舱盖

空速管

侧视雷达舱　　前座舱　液氧箱　　前起落架

3 特制的飞行服

由于"黑鸟"飞行高度和速度都超出人体可承受的范围，所以飞行员必须穿外观与宇航员类似的全密封的飞行服。这种飞行服穿戴困难，需要在别人的帮助下完成。

 ### 4 独特的深蓝色

"黑鸟"的整个机身都被涂了一层深蓝色吸波材料，有一定隐身作用，为侦察提供了条件。此外，涂成深蓝色还可以更好地散发由高速飞行与空气摩擦而产生的高温高热。

 ### 5 使用成本过高

虽然"黑鸟"侦察机仍是史上最快载人飞机，其作为战略侦察机的优势仍是非常明显，但因为该机的使用成本过高，特别是它的耗油率非常高，每次执行任务都需要调动多架加油机在全球各地空域进行空中加油，因而随着太空卫星技术的发展和冷战的结束，该机最终还是走上了退役之路。

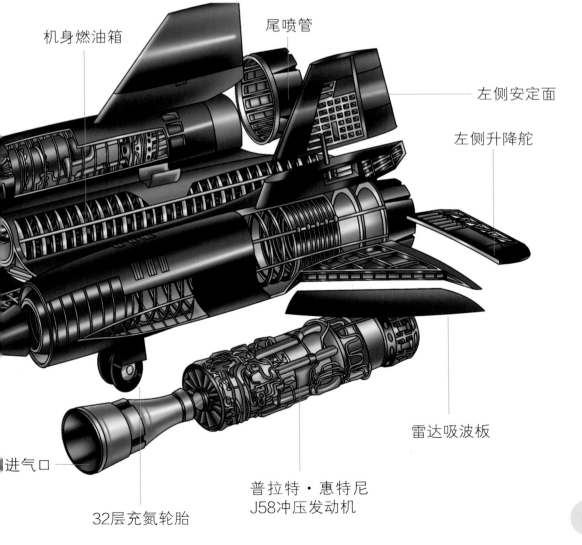

机身燃油箱

尾喷管

左侧安定面

左侧升降舵

雷达吸波板

进气口

普拉特·惠特尼
J58冲压发动机

32层充氮轮胎

 1 4部摄像机

"虎眼"侦察机安装了4部摄像机，能执行高、中、低空的照相侦察任务。

RF-5E "虎眼" 侦察机

F-5战斗机是美国20世纪70年代研制生产的轻型战术战斗机，该机绰号"虎"，故被称为虎式战斗机。F-5战斗机有很多系列产品，其中A型是早期生产型；E型是单座轻型战术战斗机；RF-5E是侦察型，因其在机头处配有照相系统，像只眼睛，所以也被称为"虎眼"侦察机。该机的突出特点是造价低廉、容易维护、全寿命使用费用低。

 2 照相机的装置空间

"虎眼"侦察机在F-5E战机的基础上减少了一门机炮，机头也加长了8英寸，获得了充足的侦察照相相机的装置空间。

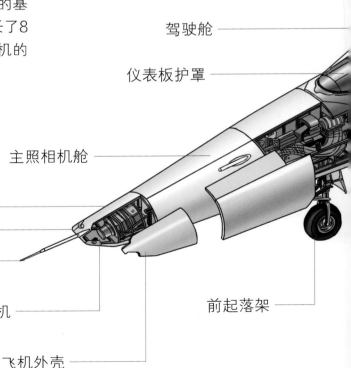

机载导弹

驾驶舱

仪表板护罩

主照相机舱

前部照相机舱

前部雷达报警天线

空速管

前部照相机

飞机外壳

前起落架

3 挂载能力强大

　　"虎眼"侦察机配备了两门20毫米的航炮，拥有防空外形的飞弹装挂，可挂载AIM-9"响尾蛇"空空导弹，也可以携带多种对地攻击武器，如MK82/MK84炸弹、CBU24集束炸弹、"小斗犬"空地导弹、"小牛"空地导弹等，挂载能力强大，有利于保证"虎眼"侦察机执行侦察任务时的安全。

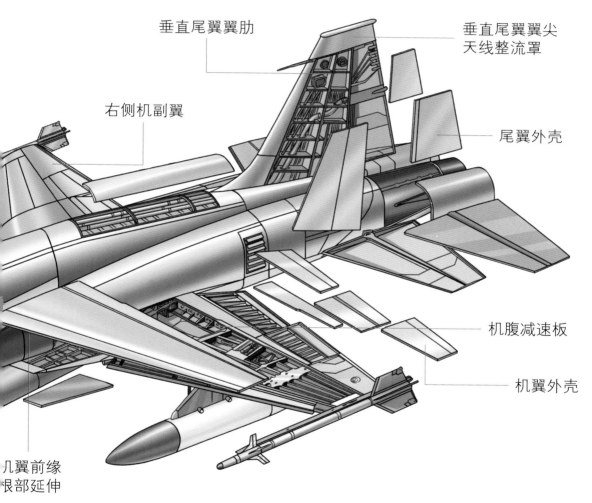

垂直尾翼翼肋

垂直尾翼翼尖
天线整流罩

右侧机副翼

尾翼外壳

机腹减速板

机翼外壳

几翼前缘
根部延伸

4 一机多用

　　该机搭载不同设备可实现多种战术侦察任务，如搭载KA-95B和KA-56E全景照相机，以及一台RS-71OE型红外线行扫仪，可达到夜间侦察目的；KA-56E和KA-93B6型全景照相机为照相侦察专用。

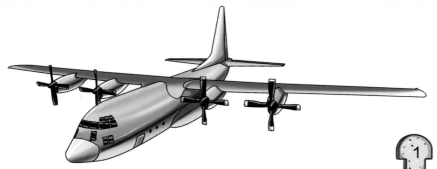

主起落架舱

C-130的主起落架舱设计得非常巧妙，它的起落架收起时位于机身左右两侧突起的流线型舱室内，不仅不占用主机身的空间，而且使得左右主轮距变宽，即使在不平坦的简易跑道上也能保持良好的稳定性。

1 机身布局

C-130采用上单翼，配备4台发动机，尾部安装大型货舱门的机身布局，动力充足，装卸货物方便，为后来的中型运输机纷纷效仿。

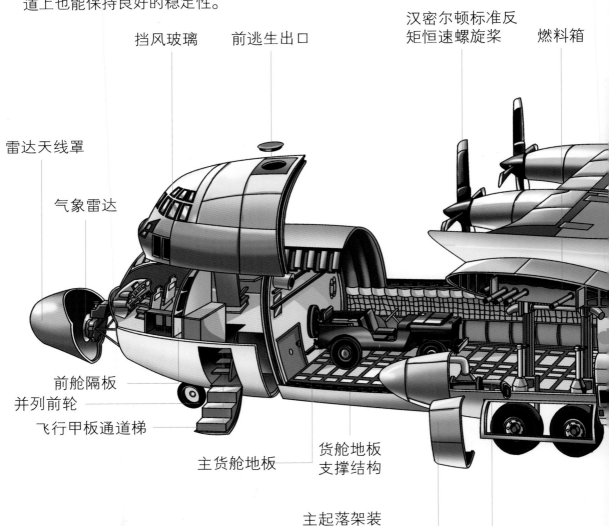

汉密尔顿标准反矩恒速螺旋桨

燃料箱

挡风玻璃

前逃生出口

雷达天线罩

气象雷达

前舱隔板
并列前轮

飞行甲板通道梯

主货舱地板

货舱地板支撑结构

主起落架装置整流罩

给空气压缩机供电的辅助动力涡轮机

"大力神" 运输机

"大力神" C-130运输机是由美国洛克希德公司研制的，它于1954年8月23日实现首飞，并一直服役至今，可谓设计最成功、使用时间最长的运输机之一。其以结实耐用著称，有40多种型号。目前该机的最新型号J型仍在生产装备，并出口到多个国家。

 ## 3 起落机场简易

C-130可以说是一架适应能力非常强的运输机，对起落机场要求很低，即使在沙漠、雪地、坑洼地形，甚至航空母舰上均可起落。

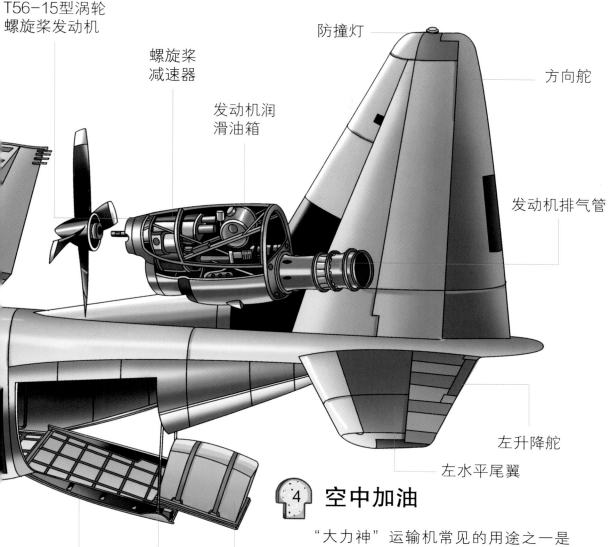

T56-15型涡轮螺旋桨发动机

螺旋桨减速器

发动机润滑油箱

防撞灯

方向舵

发动机排气管

左升降舵

左水平尾翼

货舱装卸跳板

跳板液压动作杆

货盘

4 空中加油

"大力神" 运输机常见的用途之一是为其他飞机实施空中加油。当给受油机加油时，大力神运输机先用长软管与受油飞机连接在一起，然后把巨大机翼内备用油箱中的燃油直接输送到受油机的油箱中。

消防飞机

　　星星之火可以燎原，尤其是在树木茂盛的大森林，一点火星就可以引发势不可当的熊熊烈火，这时，迅速地采取措施控制火势显得尤为重要。其中，最为有效的方法就是用飞机进行空中投水来灭火。就这样，消防飞机诞生了，其最为经典的代表就是C-130大力神投水消防机。

货舱门

燃油箱

发动机滑油箱

螺旋桨桨叶变矩机构

螺旋桨发动机

 动力强劲

　　C-130 "大力神" 在接到消防任务时，会换上动力更为强劲的发动机，使得飞机的巡航速度比平时高很多，以便快速赶到火灾现场。在1954年，换上埃里逊T56-1A涡轮螺旋桨发动机的C-130 "大力神"，最高速度就可以达到583千米/时了。

吸水管

 可以倾泻水幕

右舷跳伞门

水泵

串列式双主起落架

　　在 "大力神" 消防飞机庞大的货舱中，安装上包括水箱、泵装置及两个巨大的喷水管装置在内的模块化空中系统，方便从货舱后门进行投水。当从高空往下喷射水时，水势非常强，犹如倾泻的水幕喷向熊熊烈火，是控制火势的能手。

3 驾驶舱宽敞

大力神消防飞机的驾驶舱可以让机长和副驾驶并排而坐，不仅方便交流，还帮助他们适应近距离接近火灾的高温环境。后门导航台上还留有随机工程师的位置，驾驶舱后部还配备了供机组休息的铺位，非常宽敞。

 ## 4 反复投水

一次投水完毕后，"大力神"飞机还可以返回基地灌水，然后，再重新起飞至火灾现场继续投水，如此反复。等到火势控制后，地面上的消防队员再接替灭火飞机完成接下来的灭火任务。

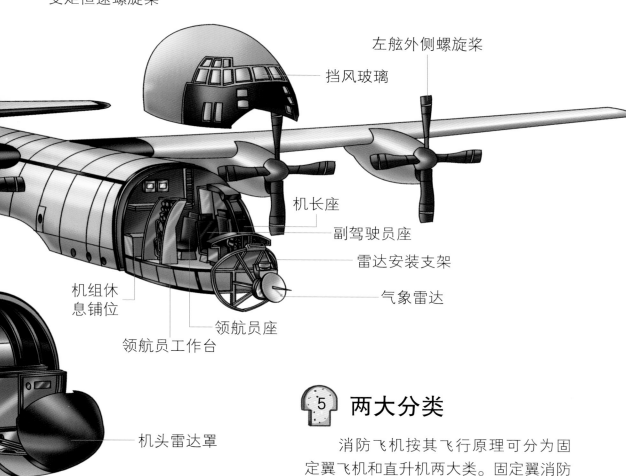

变矩恒速螺旋桨

左舷外侧螺旋桨

挡风玻璃

机长座

副驾驶员座

雷达安装支架

气象雷达

机组休息铺位

领航员座

领航员工作台

机头雷达罩

模块化空中灭火系统

5 两大分类

消防飞机按其飞行原理可分为固定翼飞机和直升机两大类。固定翼消防飞机一般用于森林、草原等野外火灾扑救，而消防直升机则是利用已有成熟的军用或民用直升机改装而成，除可进行野外火灾扑救，在城市和建筑火灾扑救中，其优势更加明显。

 尾桨和平衡翼

A129的尾部安装了一个尾桨和平衡翼，增加了平衡性和可操控性。

意大利A129武装直升机

A129武装直升机是意大利研制的轻型专用武装直升机，绰号"猫鼬"。1983年9月15日，A—129原型机首次正式首飞，1987年12月以后，A129武装直升机及其改进机型陆续投入意大利军方服役。其中国际版的A129武装直升机性能更加优良，在国际军用直升机市场上倍受瞩目。

 强劲动力

A129（国际版）选用了美国为"科曼奇"直升机新研制的CTS-800-OA涡轴发动机。旋翼系统也由4片桨叶改成5片桨叶，增大了旋翼系统的拉力，使全机最大起飞重量由4100千克提高到5100千克，有地效条件下悬停高度由3750米提高到4206米，以便在4200米以上也能起飞执行任务。

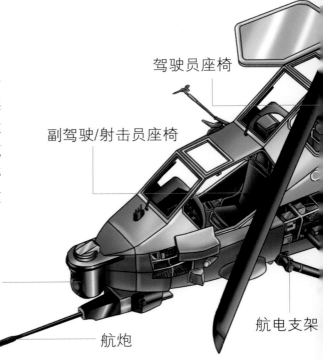

驾驶员座椅

副驾驶/射击员座椅

红外线前视系统

航炮

航电支架

 后三点式起落架

主起落架减震器

A129采用后三点式起落架，即起落架的两个支点(主轮)对称地安装在飞机重心前面，第三个支点(尾轮)则安置在飞机尾部。这种起落架可以有效防止当直升机以很大的正俯仰角非正常状态着陆时尾桨撞击到地面。

4 超低空执行任务

A129配备的机载控制系统、全球定位导航系统及电子地图，用来保证它在10～15米的超低空中执行作战任务时，避免撞上地面及空中的障碍物。

旋翼顶罩

尾桨

旋翼顶罩

尾浆传动杆

涡轮发动机

平衡翼

主螺旋桨

机载导弹

火箭发射器

5 座舱串列式布局

A129的座舱采用了纵列串列式座舱，副驾驶或射手在前，飞行员在较高的后舱内，使得飞机变得狭长，减少了空气阻力。座舱盖及座舱之间的隔离板采用38毫米厚的防弹玻璃，能抵御口径为12.5毫米枪弹的攻击。

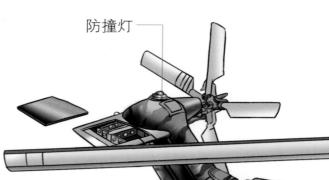

防撞灯

雷达

尾桨传动轴

绞车

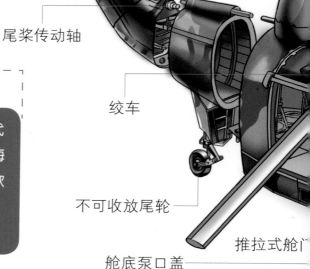

不可收放尾轮

推拉式舱门

舱底泵口盖

"海王" 直升机

"海王"直升机是美国20世纪60年代生产的双引擎反潜直升机，服役于美国海军和其他多国。其中S-61海王直升机是一款被用作海上救援和搜索的民用版直升机。机上配备了绞车等救援设备和急救药品。

 ## 1 便于救援的绞车

救生筏包

绞车是"海王"进行救援的有力工具。当飞机到达求救者的上空并调整到正确位置时，绞车手操作位于舱门边上的绞车，放下救生员和钢缆，当救生员抱住被救人员后，将他们一起吊进直升机机舱。

② 配有2台发动机

　　"海王"上装了2台罗尔斯·罗伊斯涡轮轴发动机，驱动由5叶旋翼及5叶尾桨组成的旋翼系统。即使一台发动机发生故障，"海王"仍然可以利用另外一台发动机进行飞行。

③ 旋翼系统

　　"海王"直升机采用了由5叶旋翼及5叶尾桨组成的旋翼系统，这在直升机史上是第一次。此旋翼系统主要是驾驶员通过直升机的操作系统改变旋翼的总距和各桨片的桨距，使直升机在飞行中依靠旋翼的旋转产生升力，实现直升机的前飞、后飞、左侧飞、右侧飞等方向飞行以及悬停等。

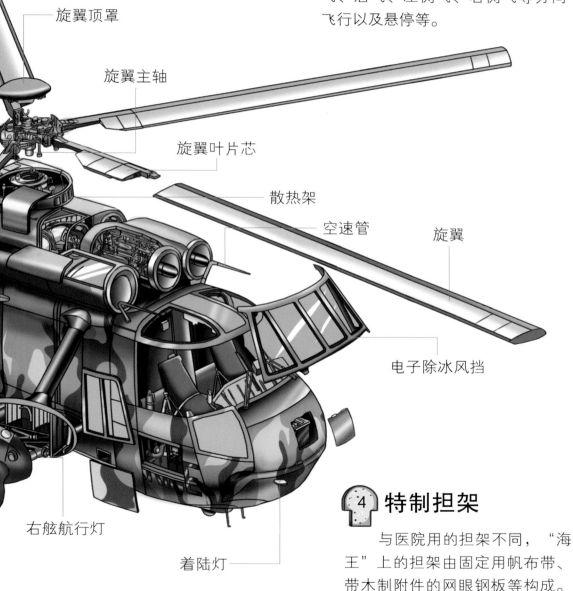

旋翼顶罩

旋翼主轴

旋翼叶片芯

散热架

空速管

旋翼

电子除冰风挡

右舷航行灯

着陆灯

④ 特制担架

　　与医院用的担架不同，"海王"上的担架由固定用帆布带、带木制附件的网眼钢板等构成。这种担架更坚固安全，方便从上面被吊起。

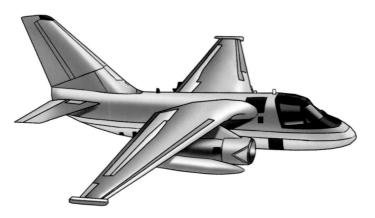

S-3B "海盗" 反潜机

1 可折叠的机翼

S-3B "海盗" 反潜机的外段机翼和垂直尾翼均可折叠，舰载起来非常方便。

S-3B "海盗" 反潜机是美国制造的一种舰载式反潜机，于1972年服役。它主要用于对敌方潜艇进行搜索、跟踪与攻击。S-3B "海盗" 反潜机的机身为全金属结构，机身短粗，尾部装有可伸缩的反潜磁异探测器。它的操作舱位于机身前部，中间由武器舱将操作舱分隔为前后两部分，前舱是正副驾驶座位，后舱供1名战术协调员和1名声呐员乘坐，是美国海军非常重要的反潜机。

2 发动机

S-3B "海盗" 反潜机在机翼靠近机身处安装有两台涡轮风扇发动机，即使只启动一台发动机，飞机依然可以进行正常飞行，降低了油耗。

翼尖电子对抗设备吊舱

右侧副翼

右侧前缘

固定内机翼整体油箱

CNU-264型货物吊舱

空中加油管

雷达

玻璃纤维雷达罩

3 两条平行的纵梁

S-3B "海盗" 反潜机的机身装了两条平行的纵梁，从前起落架接头处一直延伸至着陆的拦阻钩处。这两根纵梁可以让飞机弹射起飞和拦阻着舰时将载荷均匀分布于机身上，还可以在飞机水上迫降或机身着舰时，对乘员起到保护作用。

4 起落架

该机的起落架是液压收放前三点式。主起落架是单轮的，能向后自动收入弹舱后面的起落架舱内。双轮前起落架，带有舰上弹射起飞杆，向后可收入机身。安装前三点式起落架，有助于阻止飞机在滑行时就地打转，着陆时也比较容易操纵。

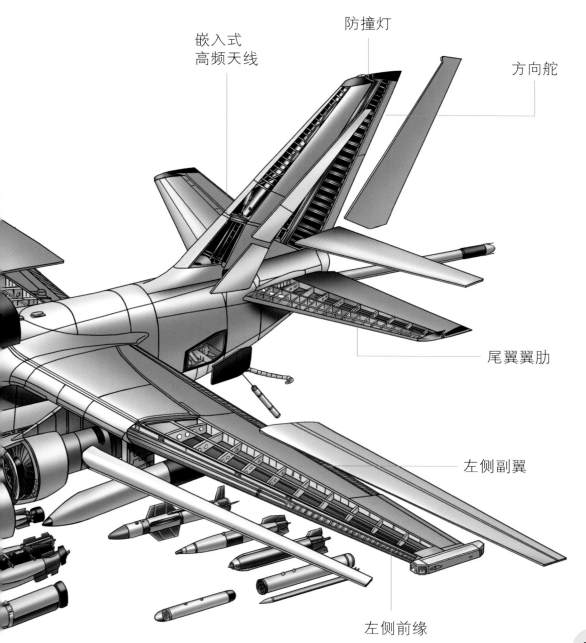

嵌入式
高频天线

防撞灯

方向舵

尾翼翼肋

左侧副翼

左侧前缘

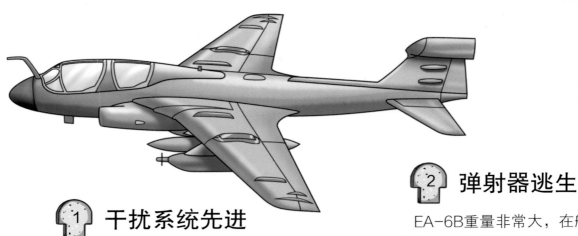

1 干扰系统先进

作为一架电子作战机，EA-6B最显著的特征就是拥有先进的干扰系统。仅需几架EA-6B，利用机上强大的电子系统，就可以对相当于法国面积大小的区域进行"电子管制"。1990年，它还装备了用于精确导航的全球定位系统及箔条弹、红外曳光弹和自卫干扰系统。

2 弹射器逃生

EA-6B重量非常大，在舰艇的甲板上弹射起飞失败时，4名机组成员可以利用弹射器在飞机掠过甲板的一刻立即快速地弹射出飞机。

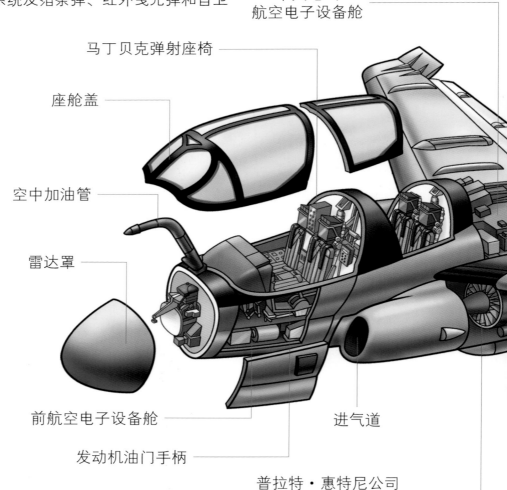

中央电气
航空电子设备舱

马丁贝克弹射座椅

座舱盖

空中加油管

雷达罩

前航空电子设备舱

发动机油门手柄

进气道

普拉特·惠特尼公司
涡轮喷气发动机

EA-6B "徘徊者" 电子作战机

EA-6B "徘徊者" 电子作战机是一种舰载机，即以航空母舰或其他军舰为基地的海军飞机。它是完全为电子战而装备起来的飞机，能远距离、全天候对敌方进行高级的电子干扰活动，使友军飞机可以安全地实施进攻。它是在A-6的基础上改进而来，安装了两台发动机，机翼处于机身的中部，可以从航空母舰上起飞。它自1968年5月25日首飞成功，至今一直在服役，是目前最为先进的电子作战机之一。

 ## 监视天线

EA-6B "徘徊者" 电子作战机的垂直尾翼尖上有一个整流罩，里面装有较为灵敏的监视天线，能够探测远距离的雷达信号，然后将所接收到的信号传输给中央任务计算机，经处理后显示并记录下来。

 ## 4人组成的机组

一架EA-6B的机组通常由3名专职电子战军官和1名飞行员组成，这使得EA-6B可以完成更多的任务。

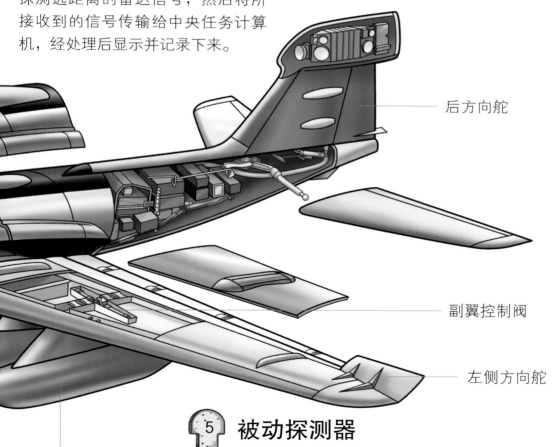

后方向舵

副翼控制阀

左侧方向舵

战术干扰系统吊舱

5 被动探测器

在EA-6B大型的高速反辐射导弹头部配备了一个被动探测器，使得该导弹可以在备用或预编程序模式下使用。